AF299654

Académie des Sciences.

REPONSE DE M. DE RUOLZ

A

UNE RÉCLAMATION DE M. PERROT.

PARIS.

IMPRIMERIE DE BÉNARD ET Cie,

Passage du Caire, 2.

1846

Académie des Sciences.

SÉANCE DU 29 DÉCEMBRE 1845.

LETTRE

Adressée par **M. DE RUOLZ**

EN RÉPONSE

A UNE RÉCLAMATION DE M. PERROT.

PARIS, le 29 Décembre 1845.

Monsieur le Président,

Je me dois à moi-même, et je dois à l'Académie de venir répondre à la réclamation de M. Perrot par la dénégation la plus formelle. J'ai l'honneur de vous adresser une réponse détaillée et plusieurs pièces. Ces documents prouveront jusqu'à l'évidence, à la Commission, que le Mémoire de M. Perrot se compose d'une suite de faits erronés, de dates inexactes, de citations altérées ou tronquées. Nous nous bornerons donc à quelques courtes remarques. Si l'Académie a daigné récompenser mes travaux, c'est 1° pour avoir le premier posé nettement les conditions nécessaires au succès des précipitations métalliques adhérentes, tellement que pour trouver des procédés nouveaux, il suffit de préparer des dissolutions conformes à ces principes ; 2° pour avoir non-seulement découvert, mais *industriellement* appliqué non pas un procédé mais *un grand nombre de procédés;* 3° enfin, pour les avoir généralisés par l'application des divers métaux les uns sur les autres. J'aurai d'ailleurs rendu à l'industrie un service réel par la seule substitution des cyanoferrures aux cyanures simples, sous les rapports de la salubrité, de l'économie et de la stabilité des liqueurs, et de la beauté des résultats; justice m'a d'ailleurs été rendue même à l'étranger, justice un *peu indirecte,* il est vrai, car l'Académie de Saint-Pétersbourg a décerné un prix et une rente viagère, pour cette même découverte, à M. Briant qui lui avait apporté, en 1842, *exactement* le procédé décrit dans mon Mémoire et mon brevet de 1841, pour l'emploi du prussiate jaune. Qu'a fait M. Perrot? peu chimiste et mécanicien distingué, il s'est assuré soigneusement par de nombreux brevets la propriété de chacune de ses inventions : la dorure galvanique qu'il réclame serait la seule de sa vie pour laquelle il aurait négligé cette précaution !

Mais, dira-t-on, M. Perrot, en homme généreux, a voulu doter gratuitement son pays de son invention; dans ce cas on publie son procédé, et il n'a rien publié. Enfin, M. Perrot n'est pas tout à fait insoucieux des lauriers académiques puisque ceux des autres l'empêchent de dormir. Eh bien ! en juin 1841, j'adresse un Mémoire à l'Académie, tous les journaux parlent de prussiate de potasse, M. Perrot ne réclame pas.

Une commission est nommée, il ne se présente pas devant elle, six mois après un rapport est publié, il ne réclame pas.

Enfin un an encore s'écoule, une nouvelle commission, celle des prix Monthyon s'assemble, il ne fait pas valoir ses droits ; les prix sont proclamés, même silence de sa part.

M. Perrot réclame aujourd'hui, pourquoi ? parce que la science et l'industrie vont vite et qu'au bout de cinq années, il est plus facile de s'appuyer sur des documents vagues et de faire valoir de simples allégations ; en effet, nous n'avons plus sous les yeux les échantillons, seule arme de M. Perrot, qui prouveraient assurément fort peu en sa faveur. M. Perrot avait cherché, longtemps peut-être, et n'avait produit que des essais inacceptables, qui, du reste, quoiqu'il en dise, n'avaient même été exécutés qu'en dorure et zincage. Il en était encore, disons-le, à l'état de recherche ; nous le prouvons par une lettre d'un des doreurs, dont M. Perrot avait réclamé l'aide pour tenter de donner une apparence plus présentable à ses essais ; nous le prouvons par le fait suivant : à la suite du rapport de M. Dumas, janvier 1842, M. Perrot, qui jusques-là n'avait pas cru pouvoir exploiter son invention prétendue, pensa que maintenant il était devenu assez fort pour marcher. Il apprit qu'un chimiste, M. Mabrun, m'avait été présenté par l'honorable M. Dumas, comme son ancien élève et son ami, que ce chimiste avait assisté dans le laboratoire de l'illustre rapporteur, aux nombreuses expériences que j'y avais exécutées, que depuis ce moment, pendant deux mois, M. Mabrun avait assisté dans mon propre laboratoire à tous mes travaux. M. Perrot alla trouver M. Mabrun et lui offrit la direction chimique de l'établissement de dorure qu'il voulait fonder ; M. Mabrun, ébloui un moment par les promesses magnifiques de M. Perrot, céda d'abord à cette proposition ; mais bientôt, obéissant à sa conscience d'honnête homme, et comprenant le vrai point de vue de cette démarche, il s'empressa de rompre en consignant ces faits et l'expression de ses regrets dans quatre lettres adressées à M. Arago père, à M. Emmanuel Arago, à M. Dumas et à moi.

Veuillez agréer, Monsieur le Président, l'expression de mon respect,

H. DE RUOLZ.

SÉANCE DU 29 DÉCEMBRE 1845.

LETTRE

Adressée par **M. DE RUOLZ**,

EN RÉPONSE

A UNE LETTRE DE M. CHRISTOFLE.

Monsieur le Président,

Je ne puis laisser passer sans réponse la lettre qui a été adressée à l'Académie, dans la dernière séance, par M. Charles Christofle; cette lettre ayant un sens qui a été parfaitement saisi par un journal, le *Moniteur industriel*, du 25 courant, rédigé par MM. Perrot et Darnis, et qui contient un article également injurieux pour moi et pour l'Académie.

M. Christofle est cessionnaire des brevets de M. Elkington : pourquoi? Parce que ce dernier a jugé convenable à ses intérêts d'unir ses brevets aux miens, ainsi qu'il résulte d'un acte notarié par lequel M. Elkington reconnaît formellement la validité de mes droits.

M. Christofle sait très bien que *le procédé galvanique* de M. Elkington, décrit dans ses Brevets d'une manière inapplicable, n'avait jamais été industriellement exploité avant moi. Que jamais un morceau de bronze doré par la pile n'avait paru avant moi dans le commerce de Paris, et que c'est par suite de mes travaux que la dorure du bronze seul occupe chez lui quatre-vingts ouvriers.

Il sait que M. Elkington et M. Wright, son chimiste, ont opéré en personne devant M. Dumas, après avoir été obligés de demander un long délai pour se procurer une pile dont leur établissement était dépourvu, que dans cette séance ils ont *doré* avec une pile de Daniel, isolée, selon mes indications, et non dans un appareil simple à cloisons, tel que le décrit leur brevet, et que d'argenture par eux il n'en a pas été question.

M. Christofle sait que c'est à l'aide de la pile isolée et d'une des dissolutions, à moi propres, que marchent les 18,000 litres de solution d'argent en activité dans sa maison.

Il sait, qu'à chacun des nombreux procès en déchéance dont les brevets ont été l'objet, les contrefacteurs sont venus s'appuyer sur des préparations prétendues par eux nouvelles et que chaque fois, c'est dans mes brevets qu'il a trouvé des armes pour leur répondre péremptoirement.

Néanmoins, il a adopté à mon égard une ligne constante de conduite qui consiste à faire valoir les brevets de M. Elkington, aux dépens des miens. A ce point, que si aujourd'hui même je ne puis déposer à l'Académie les copies authentiques des brevets de M. Elkington et des miens, c'est parce que malgré mes nombreuses demandes, M. Christofle m'en a refusé la communication et a mis obstacle à une plus prompte réponse de ma part à l'attaque de M. Perrot. Le motif de cette conduite est simple : les brevets de M. Elkington ont quinze ans de durée, les miens n'en ont que dix, de là le désir de faire considérer les seconds comme une dépendance des autres.

Enfin, comme preuve de notre pleine et entière conviction, nous saisissons cette occasion de renouveler publiquement la proposition que nous avons déjà faite à M. Christofle, devant un tribunal arbitral, et qu'il a refusée, savoir, de lui rembourser les sommes par lui payées pour l'acquisition de mes droits et de reprendre à mes risques et périls la pleine et entière propriété de mes brevets, lui donnant toute liberté d'en provoquer la déchéance, mais à la charge par lui de se renfermer strictement aux termes de la loi dans les descriptions de M. Elkington.

NOTE

DE M. DE RUOLZ

SUR

DES PROCÉDÉS NOUVEAUX.

PARIS, 29 Décembre 1845.

Monsieur le Président,

Bien que les travaux auxquels je me suis livré sur l'application des métaux, les uns sur les autres, aient eu pour résultat un grand nombre de moyens, j'ai été loin de penser que je n'eusse plus rien à faire.

J'ai donc l'honneur de vous exposer que depuis trois mois, et avant qu'il ne fût question de la réclamation de M. Perrot, j'ai obtenu quatre nouveaux procédés ; l'un particulièrement propre à la dorure de l'argent, l'autre à celle du bronze, le troisième a pour objet l'argenture.

Ces liqueurs offrent des avantages notables sur celles connues jusqu'ici, par le prix excessivement bas et l'innocuité des produits qui les composent, par l'absence complète de toute odeur et par le moyen qu'elles offrent de supprimer, sans aucun inconvénient, l'emploi d'anodes solubles qui, dans l'industrie en grand, absorbent un capital considérable.

Le quatrième a pour objet le platinage et donne le moyen de déposer le platine en couches beaucoup plus épaisses qu'il n'a été possible de le faire jusqu'ici.

Ayant à prendre des mesures pour qu'aucun intérêt privé n'ait à souffrir de la publication de ces procédés, je les ai remis à leur date entre les mains de M. Chevreul, qui a bien voulu consentir à en accepter le dépôt jusqu'au jour prochain où j'aurai l'honneur de les communiquer à l'Académie.

Daignez agréer, Monsieur le Président, l'expression de mon respect,

H. DE RUOLZ.

MEMOIRE DE M. PERROT.

Monsieur le Président,

L'Académie des Sciences a attribué la découverte des nouveaux procédés électro-chimiques de Dorure, d'Argenture, etc., à M. Elkington, et surtout à M. de Ruolz. Je viens démontrer que l'Académie est arrivée à ce résultat, à l'égard de M. Elkington, par suite d'un oubli de mes travaux, de ceux mêmes indiqués dans ses comptes-rendus, et à l'égard de M. de Ruolz, non-seulement par suite du même oubli, mais encore en s'appuyant sur les dates et les faits des documents erronés soumis à la commission. Je viens démontrer que, poursuivant les recherches du célèbre physicien de Genève, M. de la Rive, je suis arrivé le premier aux procédés que depuis se sont attribués MM. Elkington et de Ruolz, je viens enfin supplier l'Académie de vouloir bien admettre la rectification des dates et des faits erronés qui ont eu pour résultat d'enlever à son véritable auteur l'honneur et les avantages d'une découverte importante, et de les faire passer en des mains étrangères.

On ne saurait le supposer, je ne viens pas imputer à l'Académie ces graves erreurs. L'Académie n'est pas seulement le premier corps savant du monde par ses lumières; elle l'est encore par la haute considération dont elle est entourée à juste titre. Le silence que j'ai gardé pendant plusieurs années est un témoignage de la confiance avec laquelle j'attendais qu'une circonstance attirât son attention sur la question que je soulève aujourd'hui; à défaut de cette circonstance, je dois le déclarer, l'illustre rapporteur de la commission m'a noblement engagé à revendiquer mes droits.

La gravité de ma réclamation m'impose l'obligation de ne laisser planer aucun nuage sur les faits que j'avance, je supplie donc l'Académie de me

REPONSES DE M. DE RUOLZ.

Voir pour la question générale ma lettre à l'Académie en date du 29 décembre 1845.

Pièces du dossier, 2, 7, 3, 8, 6, 6 bis.

permettre, non pas seulement d'énoncer quelques propositions, mais aussi d'indiquer quelques preuves à l'appui, je renvoie à un mémoire spécial et l'énumération des preuves principales et leur discussion.

Voici les trois propositions sur lesquelles je voudrais pouvoir attirer aujourd'hui l'attention de l'Académie :

1° En août 1840 et même auparavant j'étais parvenu à dorer, argenter, platiner le fer et l'acier et les métaux usuels, j'avais même généralisé mes procédés et obtenu le dépôt avec adhérence d'un métal quelconque sur un autre métal ;

2° D'après le rapport fait à l'Académie, d'après un rapport judiciaire de MM. Pelouze, Barral et Chevalier, et même d'après les dires de MM. Christofle et de Ruolz, aucun autre procédé que ceux décrits aux brevets Elkington et de Ruolz, ne peut permettre de dorer et argenter le fer et l'acier. En d'autres termes, d'après les autorités que je viens de citer, je n'ai pu arriver aux résultats mentionnés par MM. Arago, Pelouse, Pariset et Girardin, qu'en me servant des procédés que s'attribuent MM. Elkington et de Ruolz ;

3° Deux mois avant que M. Elkington et dix mois avant que M. de Ruolz n'eussent proposé une application, même partielle, des nouveaux procédés électro-chimiques, j'étais arrivé à la dorure et à l'argenture électro-chimiques, et j'avais généralisé mes procédés en les appliquant aux métaux usuels, ce n'est pas tout : les nombreux brevets de MM. Elkington et de Ruolz ne se composent, dans ce qu'il y a d'essentiel, que de mes procédés d'abord, et ensuite de procédés publiés depuis longtemps par MM. Smée, Loujet, Pechiney, Sorel, etc. etc.

A l'appui de la première proposition, celle concernant la nature et la date de mes travaux, je n'entrerai ici dans aucune discussion ; je me bornerai à mettre sous les yeux de l'Académie quelques pièces authentiques.

Voici ce que m'écrivait M. Pelouze, bien avant le rapport fait à l'Académie sur les procédés de M. de Ruolz :

Mon cher Monsieur Perrot,

« J'ai reçu, il y a quelques jours, la lettre dans laquelle vous me priez
« de vous dire si je ne me rappelle pas que, dans le mois d'août 1840,
« lors de mon passage à Rouen, je vous ai entendu parler d'un nouveau

M. Perrot n'a jamais donné de description de *son ou de ses* procédés, il ne peut invoquer que des échantillons dont la qualité est fort contestable et qui ont pu être obtenus par d'autres moyens que ceux qu'il s'attribue; de plus, loin d'avoir donné même des échantillons à l'appui de ses prétentions à l'argenture et au dépôt des *divers métaux*, il n'a jamais produit que des échantillons de *Dorure* ou de *Zincage*.

Voir à la pièce n. 1 du dossier (§ I, III, V, VI.)

Je suis loin d'accepter comme miens *les dires de M. Christofle*, dans les divers procès qui ont eu lieu ; du reste, les experts n'ont pu entendre dire qu'on ne *pouvait dorer et argenter* le fer et l'acier que par les procédés de Ruolz ou Elkington ; mais seulement que ces procédés seuls donnaient un résultat beau et solide, ce qui est fort différent. Par le procédé d'immersion, par le procédé même de la Rive, on *dore* l'acier ; seulement cette dorure est mauvaise.

Cette lettre prouve que M. Perrot n'avait nullement communiqué ses moyens d'opérer à M. Pelouze ; elle prouve que dans *ses recherches* M. Perrot ne s'était occupé que de dorure.

« procédé de dorure par la pile, à l’aide duquel vous doriez les métaux,
« et notamment le fer et l’acier, sans interposition d’un autre métal; je me
« rappelle parfaitement toutes ces circonstances dont nous nous som-
« mes entretenus longuement; je possède encore un petit instrument
« d’acier que vous m’avez offert et qui a été doré par vous; je me souviens
« aussi que vous ayant fait l’observation que le cuivre appliqué sur le fer
« et l’acier donnait plus d’adhérence à la dorure, vous me répondîtes
« que vous n’aviez besoin de l’intermédiaire d’aucun métal pour dorer
« par votre procédé. »

Recevez, etc.

Signé : PELOUZE.

A côté de la lettre de M. Pelouze, je vais rapporter une lettre de
M. Pariset, l’un des plus honorables manufacturiers de Rouen, bien
connu de plusieurs membres de l’Académie :

A M. PERROT, INGÉNIEUR CIVIL A PARIS,

« C’est avec le plus grand plaisir que je vous certifie que je me rap-
« pelle parfaitement avoir vu chez M. Girardin, professeur de chimie, des
« objets d’acier argentés et dorés, par un procédé qui vous était particulier,
« sans pouvoir précisément fixer la date; je puis pourtant affirmer que
« c’était pendant l’été 1840; ce qui m’a fait fixer cette époque, c’est qu’à
« cette occasion nous avons parlé des moyens que l’on pourrait employer
« pour faire, sur les étoffes, des dessins métalliques, ce dont je me suis
« occupé, à la suite de cette conversation, pendant plusieurs mois. Tels
« sont les faits sur lesquels ma mémoire ne me laisse aucun doute. »

Agréez, etc.

Signé : PARISET.

Voici maintenant un extrait du procès-verbal d’une des séances de
l’Académie des Sciences de Rouen :

« M. Girardin présente à l’Académie, de la part de M. Perrot, Ingénieur
« civil à Rouen, divers ustensiles en argent, en cuivre, en fer, en acier,
« recouverts d’une couche d’or très solide et très belle, au moyen d’un

Parmi les dissolutions mentionnées dans mes brevets, il en est plusieurs
à l'aide desquelles on peut aisément dorer l'acier sans cuivrage préalable;
seulement cet intermédiaire permet d'augmenter l'épaisseur de la couche
d'or, rien ne prouve l'épaisseur de celle que M. Perrot avait pu appliquer
sur ses échantillons; voir d'ailleurs la pièce du dossier n. 6 bis.

Nous ferons remarquer que l'honorable M. Pelouze a assisté en novembre 1841, chez M. Thénard, à nos expériences avec toute la commission, et
que sa signature figure au bas du rapport du 29 nov. 1841 (pièce du dossier 8.), et un an après au bas de celui de la commission des prix Monthyon
(pièce n. 2).

Cette lettre, de peu d'importance, prouve seulement que M. Perrot
cherchait; nous n'en doutons pas.

« procédé électro-chimique dont il est l'inventeur et dont il désire garder
« le secret, du moins quant à présent.

« M. Perrot s'est essayé à perfectionner le procédé électro-chimique de
« M. de la Rive, et grâce à sa patience, à son savoir et aussi à une habi-
« leté peu commune dans le maniement des appareils électriques, il est
« parvenu à obtenir des résultats bien autrement importants que ceux du
« professeur de Genève.

« En effet, non seulement M. Perrot opère la dorure d'une manière
« très solide et avec tout le perfectionnement possible sur le laiton et
« l'argent, mais encore il peut appliquer l'or à la surface de tous les métaux
« connus, et en particulier à la surface de l'acier, ce qui a été impossible
« jusqu'à aujourd'hui. Bien plus, il fait déposer le platine sur la surface
« du fer et de l'acier, le zinc sur le fer, le cuivre sur tous les métaux, en
« couches aussi épaisses qu'il le désire et dans un état d'adhérence qu'il
« est impossible d'obtenir par un autre moyen.

« Comme exemple de ce que M. Perrot est parvenu à opérer, M. Girardin
« présente à l'Académie : 1° des cuillers à café en argent, dorées depuis six
« mois, et qui n'ont rien perdu de leur éclat et de leur fraîcheur, quoiqu'on
« s'en soit servi continuellement ; 2° un réveil-matin doré intérieurement
« et extérieurement ; 3° différentes pièces, ciseaux, étui, poinçon, d'un
« nécessaire en acier, toutes dorées avec une rare perfection ; 4° un cylindre
« de fer sur la moitié duquel existe une couche de cuivre très adhérente
« d'un millimètre au moins d'épaisseur ; 5° divers morceaux de fer recou-
« verts d'une couche très solide de zinc.

« Il y a près d'un an qu'à la connaissance de M. Girardin, M. Perrot
« est arrivé à ces beaux résultats, et c'est pour prendre date et conserver
« son droit de priorité que l'auteur a cru devoir s'adresser à l'Institut
« contre la prétention de quelques personnes, qui ont abusé des confidences
« auxquelles M. Perrot s'est laissé entraîner.

« Plusieurs autres Membres de l'Académie, et entre autres M. Presser,
« savent aussi que les essais de M. Perrot remontent à plus d'une année. »

Enfin la pensée de mes travaux était tellement présente à l'esprit de
M. Arago, que, sur 'a présentation d'un ressort de chronomètre doré par

M. Perrot a effectivement gardé alors et même depuis le *secret sur ses procédés* : la pièce n° 6 bis nous en donne le motif.

En présence d'une pareille assertion, il est remarquable que parmi les échantillons ne figure aucun objet platiné ; il n'est toujours pas question d'argentage.

Nous ne voyons toujours ici que de la dorure et du zincage, sur la qualité desquels M. Girardin, savant distingué, mais étranger à l'industrie de la Dorure, a, dans son zèle amical, très bien pu se tromper.

Cette séance d'ailleurs *(ou l'on n'indique aucun procédé*, est du 22 janvier 1841).

Pièce n. 1, §. VI.

Nous prions M. Perrot de nous dire le véritable sens de cette phrase, afin que nous sachions bien si c'est à l'Académie ou à la police correctionnelle qu'il appartient de la juger.

M. Dent, l'illustre Secrétaire de l'Académie s'exprime ainsi dans le compte-rendu de la séance du 5 mai 1841 :

« M. Arago met sous les yeux de l'Académie un ressort de chronomètre
« sorti des ateliers de M. Dent, et doré avec la plus grande perfection au
« moyen des procédés galvaniques ; M. Arago rappelle à cette occasion
« qu'il a présenté à l'Académie une MULTITUDE d'objets en métal, dorés au
« moyen des mêmes procédés, par M. Perrot de Rouen. »

Ainsi dès le mois d'août 1840, j'étais arrivé à la solution générale du problème des nouveaux procédés électro-chimiques, notamment à la *dorure galvanique du fer et de l'acier*, ce qui, d'après les savants, comme on va le voir, caractérise essentiellement la nouvelle découverte.

Je passe à la deuxième proposition ainsi conçue :

D'après le rapport fait à l'Académie, d'après un rapport judiciaire de MM. Pelouze, Chevalier et Barral, et d'après les dires mêmes de MM. Christofle et de Ruolz, aucun autre procédé que ceux décrits aux brevets Elkington et de Ruolz ne peut permettre de dorer et d'argenter le fer et l'acier. En d'autres termes, d'après les autorités que je viens de citer, je n'ai pu arriver aux résultats mentionnés par MM. Arago, Pelouze, Girardin et Pariset, qu'en me servant des procédés que s'attribuent MM. Elkington et de Ruolz.

En effet, voici d'abord ce que je trouve dans le rapport de l'Académie :

« L'acier, le fer se dorent bien et solidement par cette méthode qui n'a
« aucun rapport à cet égard avec les procédés si imparfaits de dorure sur
« fer et sur acier. »

Voici maintenant quelques passages d'un rapport judiciaire de MM. Pelouze, Chevalier et Barral :

« Les ciseaux, la monture de lunettes et le tire-bouchon en acier égale-
« ment saisis, ont sans doute été dorés par les liqueurs brevetées, car
« avant les brevets on ne rencontrait pas ces objets dans le commerce ; les
« liqueurs de M. de la Rive sont impuissantes à les produire. »

Plus loin on lit :

« Les ciseaux, l'étui, le dé et le poinçon également saisis, ont été sans
« doute dorés par les procédés brevetés, car avant les brevets, on ne
« pouvait dorer *commercialement* sur acier. »

Nous ne voyons rien jusqu'ici qui prouve une *solution partielle* et encore moins une solution *générale* du problème.

Nous avons déjà répondu plus haut, page 9.

Ainsi, les experts ont bien entendu dire (comme nous l'avons fait remarquer, page 9) qu'avant les procédés nouveaux on dorait l'acier, mais qu'on ne le dorait pas *commercialement*.

« Plus loin encore le passage suivant :

« Ces observations sont importantes puisqu'il en résulte que la consta-
« tation d'objets en acier, dorés ou argentés, peut non pas absolument
« démontrer, mais au moins faire supposer l'emploi des procédés brevetés
« et qu'elle devient tout-à-fait déterminante lorsqu'elle accompagne la
« présence des liqueurs brevetées. »

Enfin dans les dires de MM. Christofle, de Ruolz et comp., rapportés
par M. le Juge d'instruction, on trouve :

« Nul n'a pu arriver aux résultats par eux obtenus, s'il n'a frauduleu-
« ment emprunté les procédés qui leur sont propres. »

Evidemment, d'après ces déclarations précises et venant d'autorités, ou
ne peut plus compétentes, je n'avais pas pu arriver aux résultats que
j'avais obtenus, si ce n'est par les procédés que s'attribuent MM. Elkington
et de Ruolz.

J'ai d'ailleurs des preuves surabondantes qui viennent à l'appui des
témoignages ci-dessus, ce sont des factures authentiques de 1840, qui
établissent l'acquisition fréquemment répétée des sels et même des dissolutions toutes préparées dont l'emploi n'a été mentionné qu'une année ou
deux après dans les brevets de MM. Elkington et de Ruolz. Il me reste à
prouver que j'avais trouvé la solution de ces problèmes bien avant ceux à
qui on a cru devoir les attribuer.

Troisième proposition :

Deux mois avant que M. Elkington et dix mois avant que M. de Ruolz
n'eussent proposé une application, même partielle, des nouveaux procédés
électro-chimiques, j'étais arrivé à la dorure et à l'argenture électro-
chimiques, et j'avais généralisé mes procédés en les appliquant aux métaux
usuels. Ce n'est pas tout, les nombreux brevets de MM. Elkington et de
Ruolz ne se composent, dans ce qu'il y a d'essentiel, que de mes procédés
d'abord, ensuite des procédés publiés depuis longtemps par MM. Smée,
Louyet, Pechiney, Sorel, etc., etc.

M. Elkington a demandé, le 29 septembre 1840, un brevet pour dorure
électrique ; on a vu par les lettres de MM. Pelouze et Pariset, et la communication de M. Girardin, qu'avant et pendant le mois d'août 1840, j'avais
doré, argenté, zinqué, platiné, etc., par des procédés électro-chimiques ;

Je n'ai jamais fait partie de la Société Christofle et Compⁱᵉ.

Cet argument nous paraît faible, dès l'année 1826 à 1827, nous nous occupions de recherches sur les cyanures (recherches qui n'avaient nullement la dorure pour but), nous pourrions produire des factures de ce genre qui ne prouveraient pas plus pour nous que pour M. Perrot. Quant aux preuves testimoniales, nous pourrions en fournir de très concluantes qui démontreraient que bien avant même notre premier brevet, nous avions produit des échantillons de dorure très satisfaisants.

Nous avons vu qu'il n'a été question que d'essais de dorure et de zincage.

j'étais donc arrivé à ces nouveaux procédés deux mois au moins avant que
M. Elkington ne demandât un brevet seulement pour la dorure et l'argenture galvaniques.

Mais voici sur ce point un témoignage curieux ; un journal, le *Moniteur
Industriel*, ayant attaqué la priorité de M. de Ruolz et lui ayant opposé
M. Elkington, M. de Ruolz, qui devait connaître les procédés de
M. Elkington, dont il était l'associé, répondit en ces termes :

« A cette époque (novembre 1841), la commission de l'Institut, qui
« avait visité l'établissement de M. Elkington, sait aussi bien que moi que
« cet établissement ne pratiquait que la dorure par immersion et qu'il ne
« possédait pas même une pile. »

Notre assertion à cet égard est parfaitement exacte. M. Elkington, assisté de M. Wright, chimiste, attaché à son établissement, a été forcé de demander à M. Dumas un délai pour se procurer une pile. Il a enfin opéré lui-même, toujours avec l'assistance de M. Wright, devant M. Dumas, et dans cette séance, l'un et l'autre, qui avaient eu parfaitement connaissance de mon mémoire à l'Académie et des applications que j'annonçais d'un grand nombre de métaux, ont doré à l'aide du cyanure simple, mais n'ont pas *dit un mot d'argenture*. — Du reste, dans cette opération, ils se sont bien gardés d'opérer avec l'appareil galvanique simple à cloisons membraneuses (le seul décrit dans leurs brevets), ils ont employé, selon mes indications, une pile de Daniel. On peut aussi se rappeler que M. Elkington qui s'était présenté à la Société d'encouragement et en avait obtenu une médaille en récompense de son procédé par immersion, n'avait communiqué aucun procédé d'argenture et n'avait même fait aucune réponse aux objections faites par la Commission, sur l'insuffisance du procédé de dorure au trempé.

On sera d'ailleurs frappé de deux choses en jetant les yeux sur les brevets de M. Elkington ; le premier, celui de dorure, est d'un vague tel, qu'à la rigueur toutes les découvertes à venir se trouveraient comprises dans sa rédaction. Quant à celui d'argenture, il décrit, comme le premier, l'appareil simple inapplicable dans l'industrie, et indique une solution de chlorure d'argent dans le cyanure simple. Cette solution offre des inconvénients et des dangers quant au cyanure simple, et des résultats très défectueux industriellement par l'emploi du chlorure d'argent, auquel on a depuis longtemps renoncé, même dans l'établissement de Birmingham, où l'on emploie l'une des solutions par moi indiquées (cyanure d'argent dissout dans le prussiate jaune). Dans ce brevet même, chose curieuse, M. El-

Ainsi donc, M. Elkington n'a fait qu'entrevoir le parti qu'on pouvait tirer des procédés qu'il a indiqués d'ailleurs d'une manière inapplicable; il ne s'en était pas servi. J'ai donc sur lui non-seulement une antériorité effective de deux mois, mais même de plus d'une année.

Je passe à M. de Ruolz. Voici sur la valeur des titres de M. de Ruolz un témoignage très important. C'est celui de M. Barral, qui a rempli plusieurs fois les fonctions de juge-expert dans les procès de contrefaçon, intentés par les cessionnaires des brevets de MM. Elkington et de Ruolz. Ce chimiste, qui a vu et vérifié plusieurs fois les brevets de MM. Elkington et de Ruolz, mais qui ne connaissait pas mes titres de priorité sur M. Elkington, s'est exprimé en ces termes dans un article remarquable sur la dorure galvanique, inséré au *Dictionnaire des Arts et Manufactures* :

« Nous avons à faire cette remarque, qu'il y a des époques qui semblent
« désignées pour voir éclore telle ou telle découverte. Les temps étaient
« venus, dirons-nous, pour la dorure galvanique. A peine M. Elkington
« avait pris son brevet pour le nouveau procédé, que l'on voit surgir pres-
« que dans tous les pays des hommes qui font la même découverte ou lui
« apportent de notables perfectionnements; mais aucun, à notre connais-
« sance du moins, n'a publié ses procédés avant M. Elkington, et même n'a
« montré publiquement des échantillons de ses produits. M. Perrot, inven-
« teur de la machine à imprimer les étoffes, à laquelle on a donné le nom
« de Perrotine, a déposé le premier, dès le mois de janvier 1841, à l'Acadé-
« mie des Sciences de Paris, de nombreuses pièces d'argent, de cuivre,
« d'acier, de fer parfaitement dorés. Cet ingénieur avait même généralisé

kington paraît considérer l'argentage galvanique comme très peu important, il ne le donne que comme une sorte de mise en couleur, de manière de *terminer l'opération* (ce sont ses expressions), à la suite d'un
procédé qu'il décrit très longuement, et qui a pour but de fondre de l'argent à la surface des couverts et autres objets.

Voici le passage : « Je n'élève aucune prétention sur le procédé d'argen-
« ter le cuivre et de *terminer l'opération* par le moyen que je viens d'indi-
« quer (l'argentage galvanique); mais je réclame comme ma propriété la
« méthode de fondre l'argent sur la surface du cuivre, etc. (Voir pièce 11.)

C'est aussi ce que nous croyons vraisemblable ; mais cela n'ajoute pas
une preuve aux procédés hypothétiques de M. Perrot.

(Voir aux pièces n° 11 et n° 8, passages soulignés.)

M. Barral, dont nous sommes loin de contester la capacité, a commis
dans cet article quelques erreurs et quelques oublis que nous aurions si-
gnalés depuis longtemps, si cet article avait été publié dans un journal et
non dans un dictionnaire.

M. Barral a négligé aussi de faire valoir comme un service réel sous le
double rapport de l'économie et de la salubrité, la substitution faite par
nous des ferrocyanures aux cyanures simples ; — grâce à laquelle (contrai-
rement à l'assertion de M. Barral) l'atelier de M. Christofle peut contenir
15 à 18 mille litres de dissolution d'argent, sans qu'il se produise aucune
émanation fâcheuse ; la dissolution qu'on y emploie étant celle mentionnée
(pièce 7, argentage n° 7). Il a jugé à propos aussi de ne tenir aucun compte
de ce fait scientifique ; savoir : que, le premier, nous avons observé que le
fer qui précipite l'or et l'argent de toutes leurs dissolutions acides, est, au
contraire, précipité et remplacé par eux dans ses dissolutions cyanurées.
(Pièces 7 et 6.)

Erreur grave. La première communication (toujours sans désignation de

« le problème, en zinquant, platinant et cuivrant le fer. M. Louyet dora
« dans un cours public à Bruxelles. Enfin, M. de Ruolz prit, au mois de
« juin 1841, le premier de ses brevets où l'on trouve des procédés galvani-
« ques pour la dorure, l'argenture, le cuivrage, etc. M. de Ruolz a eu le
« mérite de poser nettement les conditions nécessaires pour que l'opération
« réussisse complétement. »

On le voit, aux yeux de M. Barral, qui a formulé son opinion sur des
faits authentiques, M. de Ruolz n'est pas comme devant la Commission de
l'Académie, l'inventeur des procédés électro-chimiques. Loin de là, il n'est
placé par M. Barral qu'après moi et M. Louyet, qui n'avons pas été mentionnés pour nos travaux sur la dorure, dans le rapport fait à l'Académie.

Après avoir prouvé que les brevets de MM. Elkington et de Ruolz ne
sont que la reproduction de mes procédés, il me reste à prouver, comme
je m'y suis engagé, que ces procédés, trouvés après moi successivement
par d'autres expérimentateurs, n'ont passé dans les brevets de MM. Elkington et de Ruolz, qu'après leur publication.

M. Smée a établi dans son *Traité d'Electro-Métallurgie*, de novembre
1840, non-seulement les *lois qui régissent les précipitations métalliques* et
qui permettent de les obtenir à volonté, à l'état pulvérulent, à l'état cristal-
lin ou à l'état de couche métallique adhérente, mais encore ce savant a indiqué une foule de procédés et l'emploi des substances que M. de Ruolz
a fait passer plus tard dans ses brevets.

Je me contente de citer les emprunts suivants

DORURE,

Liqueur aurique pour la dorure   placée dans un
vase séparé de la pile.

procédés) de M. Perrot, est du 22 janvier 1841, mais à l'Académie de
Rouen et non à l'Académie des Sciences. (Voir la pièce n° 1, § VI.)

M. Louyet est fort à tort placé avant moi, par M. Barral; voir la lettre
de M. Louyet, lui-même, en date du 17 janvier 1842 (pièce n. 1, § IV),
par laquelle il ne reporte l'époque de sa communication à ses élèves
qu'à l'époque de mon brevet de juin 1841, et la description de son procédé
qu'à octobre 1841.

M. Barral néglige de dire que dès mon brevet du 19 décembre 1840,
j'avais proposé l'emploi pour la dorure, de l'aurate de potasse.

Maintenant, puisqu'on cite M. Barral, il faut le citer entièrement; après
avoir reconnu qu'à moi revient le mérite d'avoir posé nettement les conditions du succès, il cite ces lois reproduites (pièce n. 3), qui sont comme
on le verra aisément (pièce 10), *tout à fait autres que celles indiquées par*
M. Smée (qui s'est borné aux conditions *physiques* de l'opération); puis il
ajoute, après avoir énuméré les diverses liqueurs :

« A ces nombreuses dissolutions on pourrait sans doute en joindre
« d'autres encore, pour cela il n'y aurait qu'à chercher parmi toutes les
« solutions dont la chimie peut disposer, celles qui satisfont aux conditions
« que nous avons posées plus haut. »

Donc, n'eussions nous fait, au lieu de donner en outre 74 préparations
(pièce n. 7), que formuler ces trois règles, que nous aurions résolu d'un
seul coup l'ensemble de la question.

Nous nous croyons aussi en droit d'adresser ici, à M. Barral, un léger
reproche; dans la longue énumération des diverses dissolutions, il ne fait
aucune distinction entre celles proposées par M. Elkington, au nombre de
deux, et les miennes, c'est-à-dire toutes les autres.

L'édition française de Smée est de 1843, et les catalogues anglais n'en
font aucune mention avant 1842 (pièces 10 et 4) ; du reste, on va le voir,
cette date n'a pas d'importance.

Emploi d'une pile à courant constant.
Electrode positif d'or.

Addition de cuivre pour rendre rouge la dorure.
Elévation de température.

ARGENTURE,

Pile à courant constant.
Electrode positif d'argent pour maintenir le liquide
au même état de saturation.

Hyposulfite d'argent.

PLATINAGE,

Pile à courant constant.
Chlorure de platine.

ETAMAGE.

Pile à courant constant.
Electrode positif d'étain.
Chlorure d'étain.

ZINCAGE,

Pile à courant constant.
Electrode positif de zinc.
Sulfate de zinc.

ÉLECTRO MÉTALLURGIE.

2ᵐᵉ ÉDITION, 1842.

PLATINAGE,

Chlorure de platine et d'ammoniaque.

Nous n'avons jamais prétendu que l'idée de rougir l'or par un mélange de cuivre nous appartînt; nous ne réclamons que l'emploi fait par nous, *le premier*, du cyanure double de cuivre et de potassium, et de nos autres solutions de cuivre; quant à l'élevation de température, nous croyons que la chaleur est inventée depuis longtemps et appartient à tout le monde.

Quant aux anodes d'argent, ils appartiennent aux brevets de M. Elkington (pièce n. 11), jusqu'à preuve contraire, et nous n'avons fait figurer ces anodes, dans nos brevets, que par suite du traité fait avec lui; du reste notre opinion est que ce moyen est *complètement inutile* et loin d'être économique; nous en donnerons les motifs et la preuve dans une communication que nous aurons l'honneur de faire incessamment à l'Académie.

Hyposulfite d'argent (Smée parle de ce sel *pur* et dissous dans l'eau); nous employons un sel quelconque d'argent dissous dans un *hyposulfite alcalin,* ce qui est fort différent en théorie ou en fait et surtout comme résultat.

(V. pièce n. 7. Argenture n. 10 et suivans.)

Chlorure de platine. Smée employait ce sel dissous dans l'eau; nous ne

COBALTINAGE.

Chlorure de cobalt et d'ammoniaque.

NICKELAGE,

Chlorure de nickel.

En avril 1841, M. Louyet annonce à l'Académie qu'il obtient la dorure par l'emploi du sulfure d'or, dissous dans le cyanure de potassium ; deux mois après, M. de Ruolz indique dans ses brevets l'emploi du même procédé.

En juin et en juillet 1842, M. Pechiney découvre la propriété que possède le proto-nitrate de mercure, de faciliter l'adhérence de l'argenture sur les métaux en général, et particulièrement sur les alliages de nickel. M. de Ruolz insère, dans son brevet du 4 février 1843, l'emploi du même sel pour le même usage que M. Pechiney.

Dans une déclaration contre les prétentions de M. de Ruolz, M. Sorel annonce à l'Académie qu'il fait usage du chlorure de zinc pour le zincage, trois jours après, M. de Ruolz, introduit l'emploi de ce sel dans ses brevets.

Quant aux emprunts qui peuvent avoir été faits aux brevets de M. Boquillon, je n'ai plus à m'en occuper, sachant que ce savant technologue a présenté des réclamations à l'Académie.

l'employons que pour introduire le platine dans des préparations d'une tout autre nature et alcalines. (Voir pièce n° 7. Platinage.)

Sulfate de zinc. Nous ne l'employons qu'à l'état de mélange avec du chlorure de sodium et de l'acide sulfurique. (Voir nos 9 dissolutions). Pièce n° 7. Zincage.

Chlorure de platine et d'ammoniaque. Nous l'avons indiqué dans nos brevets comme communiqué par M. Elkington, qui venait de le breveter en Angleterre. Du reste, cette liqueur sort de nos principes généraux et nous ne l'avons insérée que pour nous conformer à une convention ; du reste, nous croyons que pour cette liqueur (assez médiocre en résultat, vu son acidité), le brevet anglais de M. Elkington a la priorité sur les autres publications anglaises.

Cobalt. Nous n'avons rien trouvé en fait de cobalt dans les travaux de Smée, Spencer, etc. (Voir pièces 10 et 7.)

Nickel. Nous n'employons ce chlorure que dissous dans l'ammoniaque. (Voir nos diverses solutions de nickel et de cobalt, pièce 7.)

Voir la lettre de M. Louyet, pièce n. 1, § IV.

Quant à M. Pechyney, nous avons indiqué l'emploi (qui d'ailleurs n'est nullement nécessaire) du nitrate de mercure, comme nous avons parlé de décapage, c'est-à-dire comme étant du domaine public. (Voir aux pièces n° 5.)

Voir plus loin, page 34 et pièce n. 1, § VIII, la partie en italique (supprimée avec intention dans les citations de M. Perrot.

J'arrive enfin aux assertions erronées du rapport académique, dont je demande la rectification.

La Commission, en s'appuyant sur les documents qu'elle a cru ne pas devoir suspecter, a formulé des assertions qui concourent toutes à établir, en faveur de M. de Ruolz, une priorité dont il profite à mon détriment depuis plus de cinq années.

On lit page 1002, du tome XIII des comptes-rendus :

Ainsi que nous l'avons fait remarquer plus haut : *tandis que M. Elkington sollicitait une addition à son brevet, M. de Ruolz, de son côté, prenait un brevet d'invention pour le même objet. Le brevet de perfectionnement de M. Elkington est du 8 décembre 1840, celui de M. de Ruolz du 19 décembre.*

Je rectifie les dates et les faits, conformément aux pièces déposées au bureau des brevets, et conformément à l'analyse de ces brevets, insérée dans un rapport judiciaire de MM. Pelouze, Barral et Chevalier, et enfin conformément à l'opinion personnel de M. Barral, déjà citée textuellement.

Il résulte de ces pièces authentiques :

1° Que la demande du brevet de M. Elkington est du 29 septembre, et non du 8 décembre, ainsi que le dit le rapport académique ; 2° que M. de Ruolz n'a pas demandé son brevet *pour le même objet,* le 19 décembre 1840, ainsi que le dit le rapport, mais bien le 17 juin 1841, comme l'indique M. Barral, dans le *Dictionnaire des Arts et Manufactures.*

Il est donc bien établi que M. de Ruolz n'est venu que huit mois et demi après M. Elkington. Outre cela, je démontre, dans un Mémoire qui va paraître, que six publications successives des procédés Elkington avaient en lieu avant que M. de Ruolz ne prit son brevet pour ce même procédé. Que penser alors des documents reçus avec confiance par la Commission ? documents qui lui ont fait dire, page 1002 : « Le brevet, pris par M. Elkington était seulement antérieur de quelques jours, à celui de M. de Ruolz. » Et plus loin, page 1002 : « Tout démontre que M. de Ruolz a travaillé de son côté sans connaître la demande de M. Elkington? »

La cause de ces erreurs de dates ne pourrait-elle pas provenir de l'inscription suivante : *Suite de mon brevet du 19 novembre 1840,* inscription que M. de Ruolz a mise en tête de son brevet du 17 juin 1841. Ce titre inusité n'aurait-il pas conduit la Commission à considérer les deux pièces

La date de mon brevet est exacte. Quant à la date de celui de M. Elkington, ce n'est pas moi qui ai pu la donner puisque j'en ignorais l'existence. Elle a été fournie par le mandataire de M. Elkington, qui a donné la date de la *délivrance* au lieu de celle du *dépôt*.

Du reste, le rapporteur et la Commission ont eu entre les mains *tous les brevets originaux*. Il est clair, pour tout homme de sens, que si j'avais voulu profiter d'un brevet, fort vague du reste, j'aurais placé les cyanures simples dans mon premier brevet, au lieu d'y insérer seulement l'aurate de potasse.

Il est clair également, que si j'eusse connu le procédé très vague proposé par M. Elkington, pour le cyanure simple, je ne serais pas venu publiquement insérer ce produit dans un mémoire à l'Académie, au milieu des 22 dissolutions que j'ai proposées, et que je me serais fort bien contenté des 21 qui me restaient, et en particulier de l'emploi si avantageux surtout au point de vue de la salubrité des ferro-cyanures au lieu des cyanures.

C'est faux, les brevets porte diverses indications en marge, ayant été rédigés de manière à former un corps de faits et une suite de recherches, ainsi on lit successivement en marge :

« Résultats obtenus jusqu'ici. »   « Description. »

« Etat actuel la question. »   « Conclusion. »

« Exposé de mes travaux. »   « *Suite de mes travaux.* »

« Avantages du nouveau procédé. »

Ce qui ne ressemble pas à *suite de mon brevet*, d'autant moins que

comme un seul et même brevet, et à donner la date du brevet sans valeur
du 19 décembre 1840 aux procédés que M. de Ruolz n'a décrits que six
mois et demi plus tard ?

Dans ce cas, M. de Ruolz serait la cause involontaire, j'aime à le supposer du moins, mais enfin serait la cause des erreurs de dates consignées
à son profit dans le rapport académique.

Il ne me reste plus qu'à réfuter une assertion relative à la nature des
sels dont je faisais usage pour le zincage.

De tous les produits chimiques adressés par moi à l'Académie des
Sciences de Paris et à l'Académie de Rouen, le zincage du fer est le seul
résultat que mentionne le rapport de la commission.

Je cite textuellement ce passage :

« Avant de quitter ce sujet important, nous rappellerons que M. Sorel,
« d'un côté, et M. Perrot, de l'autre, étaient déjà parvenus à recouvrir
« le fer d'une couche de zinc par le moyen de la pile, mais en faisant usage
« toutefois de dissolutions différentes de celles que M. de Ruolz a cru pré-
« férables, et qui lui ont permis d'agir avec économie, ce qui est ici le point
« vraiment important. »

Je ne m'arrête pas sur les énonciations de ce passage. Je me contenterai
de faire observer ici que je n'avais alors communiqué mes procédés de
zincage à personne, et que je n'ai pas été appelé au sein de la commission:
par conséquent personne ne pouvait savoir si mes sels étaient d'un usage
moins économique que ceux employés par M. de Ruolz.

Il ressort de tous les faits que je viens de signaler à l'Académie la preuve
évidente que les documents sur lesquels s'est basée la commission étaient
de nature à l'induire en erreur, au profit de M. de Ruolz.

Connaissant la bienveillance avec laquelle l'Académie accueille les réclamations fondées, j'attendais avec confiance, comme je le disais au commen-
cement de cette lettre, qu'une circonstance attirât son attention sur mes
titres de priorité ; l'illustre rapporteur, en m'engageant à revendiquer tous
mes droits, me donne une preuve nouvelle de cette bienveillance dont

cette indication est immédiatement suivie, par celle-ci : *nouvelle direction donnée à nos recherches.*

Du reste, je le répète, *les originaux de mes brevets et de ceux de M. Elkington ont été remis à la commission;* d'ailleurs mes procédés étaient *fort différents* de ceux de M. Elkington, au dire de la commission devant laquelle *nous avions opéré tous deux.*

Voyez aux pièces le rapport de M. Dumas (passages soulignés, n. 8).

J'ai neuf dissolutions pour le zincage (v. pièce n. 7), aucune n'appartient à M. Sorel ; quant à celles *toujours inconnues* de M. Perrot, il est clair que je n'ai pu donner à la commission aucun détail sur leur nature, M. Perrot n'ayant fait aucune communication à cet égard (voyez du reste aux pièces n. 7, n. 9 et surtout n. 1, S. VIII, séance du 7 février 1842), ma lettre en réponse à M. Sorel, réponse dont M. Perrot, par une citation infidèle (et en retranchant toute la partie accompagnée d'une barre verticale), a complètement dénaturé le sens.

plusieurs Membres de la commission, en d'autres circonstances, ont honoré mes travaux industriels ; je saisis cette occasion pour leur en témoigner toute ma gratitude.

J'ai l'honneur d'être avec, le plus profond respect,

Monsieur le Président,

Votre très humble et très obéissant serviteur,

Signé : PERROT,

Ingénieur civil, 64 bis, rue de Sèvres, à Vaugirard·

 Extraits des Comptes-Rendus.

ACADÉMIE DES SCIENCES.

§ Ier.

PERROT. P. 1063. — Le 28 décembre 1840.

Je viens d'apprendre par un journal que M. Sorel a annoncé à l'Académie des Sciences, être parvenu, avec un appareil à courant constant, à fixer sur le fer à froid une couche plus ou moins épaisse et très adhérente de zinc, et qu'il a obtenu par ce moyen la fixation de plusieurs autres métaux les uns sur les autres. (Il joint des échantillons de zincage sans indication du procédé employé.)

Pour ne pas abuser plus longtemps de votre bienveillance, je ne *vous parlerai pas* d'un nouveau procédé *pour la dorure* sur fer, argent, acier, plomb, étain, etc. Si d'ailleurs la *chose en valait la peine*, je ferais appel aux souvenirs de MM. Pelouze, Girardin, etc. (Pas d'indication de procédé.)

§ II.

SOREL. Zincage galvanique. P. 987. 14 décembre 1840.

Je suis parvenu, à l'aide d'un appareil electro-chimique, basé sur le principe de la pile à courant constant de Daniel, à fixer sur le fer une couche de zinc plus ou moins épaisse. Le fer galvanisé à froid est complétement à l'abri de l'oxydation, etc., etc.

J'ai réussi également, par des procédés analogues, à fixer tous les autres métaux en couches plus ou moins épaisses, soit sur le fer, soit sur tout autre corps métallique ou métallisé. (Pas d'indication des procédés.)

§ III.

1841. — 1er SEMESTRE.

5 MAI.

M. Arago met sous les yeux de l'Académie un ressort de chronomètre, sorti des ateliers de M. Dent, et doré avec une grande perfection, au moyen des procédés galvaniques.

M. Arago rappelle à cette occasion à l'Académie qu'il lui a présenté une multitude d'objets en métal, dorés au moyen du même procédé, par M. Perrot de Rouen. (Pas d'indication du procédé.)

§ IV.

1842.

LOUYET. Réclamation, 17 janv. P. 113. Il y a huit mois. dit-il, que j'ai découvert le procédé qui fait l'objet de ma notice et que je l'ai montré aux élèves qui suivaient mon cours à Bruxelles. Ce ne fut qu'à la *fin d'octobre* que j'envoyai à l'Académie de cette ville la description. Quant à ceux de MM. Elkington et de Ruolz, je n'en ai eu connaissance que par le compte-rendu de la séance du 29 novembre, où se trouve le rapport de M. Dumas.

MM. Elkington et de Ruolz, d'après la date de leurs travaux, peuvent réclamer incontestablement la priorité sur moi. Je ne prétends pas même à la simultanéité. Je tiens seulement à ne pas être soupçonné de plagiat. (Renvoi à la Commission.)

§ V. P. 228.

M. Arago rappelle que M. Perrot a adressé depuis longtemps à l'Académie des pièces zinguées au moyen de procédés galvano-plastiques.

§ VI.

M. Perrot adresse copie du procès-verbal d'une séance de l'Académie de Rouen, 22 janvier 1841 ; séance à laquelle on avait présenté, en son nom, divers objets en métal, *dorés* par un procédé électro-chimique, *qu'il ne faisait pas connaître.*—370.

§ VII.

SOREL. Zincage, 228. 31 janvier 1842.

Je ferai remarquer que dans mes procédés, ce sont des sels de zinc, les moins chers, que j'emploie, le sulfate et le chlorure, et non pas des solutions alcalines et des cyanures qui coûtent fort cher et agissent très lentement.

RÉPONSE DE M. DE RUOLZ A M. SOREL.

P. 252, 7 FÉVRIER 1842.

§ VIII.

M. de Ruolz adresse quelques remarques relatives à une communication de M. Sorel.

Texte. Cette note contient deux allégations que l'Académie nous permettra sans doute de rectifier.

1° M. Sorel avance que les liqueurs qu'il emploie sont plus économiques que les nôtres. A cela nous n'avons qu'une chose à répondre : c'est que nos dissolutions ne se trouvent décrites que dans des brevets non encore publiés.

M. Sorel ne peut les connaître. La Commission jugera cette question.

2° La couleur de son zincage est plus blanche que la nôtre.

A cela nous répondrons qu'il dépend entièrement de nous de donner une couleur plus ou moins claire au zincage, mais que jusqu'à ce que l'expérience ait prononcé à cet égard, nous croyons devoir préférer la nuance plus foncée. En effet, la couleur blanche s'obtient généralement par l'action d'un courant très fort sur un liquide très concentré. Plus l'action est brusque, plus la nuance est claire. Or, la Commission a déjà reconnu que dans toutes ces précipitations métalliques la rapidité est toujours en raison inverse de l'adhérence, seul point vraiment important, si l'on considère la nature des applications dont le zincage est susceptible. D'ailleurs, la couleur, au sortir du bain, a peu d'importance ; car on sait que la superposition du zinc sur le fer a pour résultat, en préservant galvaniquement ce dernier, de déterminer une transformation rapide de la surface du zinc en sous-oxide gris noirâtre, oxidation utile, en ce que cet oxide, beaucoup moins attaquable par l'air et les divers agents chimiques que le zinc lui-même, cuirasse en quelque sorte la couche de zinc contre une oxidation ultérieure.

Nous avons l'honneur d'adresser à l'Académie :

1° Un grand nombre d'échantillons obtenus PAR ONZE DISSOLUTIONS DIFFÉRENTES, *et offrant diverses nuances, depuis les plus blanches jusqu'aux plus foncées ;*

2° Un paquet cacheté destiné à la Commission et contenant, par ordre de numéros, LA DESCRIPTION DES ONZE LIQUEURS *à l'aide desquelles chaque échantillon a été obtenu : la Commission pourra en comparer les prix de revient avec ceux des liqueurs employées par M. Sorel.*

PIÈCE N. 2.

Académie des Sciences.

PRIX RELATIF AUX ARTS INSALUBRES.

RAPPORT

SUR LE CONCOURS DE L'ANNÉE 1841.

Commissaires : MM. THÉNARD, CHEVREUL, SÉGUIER, PELOUZE et DUMAS, Rapporteur.

La Commission des arts insalubres a l'honneur de vous proposer d'adopter les résolutions qui suivent relativement aux concurrents, sur lesquels il avait été fait un rapport par la commission précédente.

Prix de 3,000 fr. à M. de la Rive, Professeur de physique à Genève, pour avoir le premier appliqué *les forces électriques* à la dorure des métaux, et, en particulier, du bronze, du laiton et du cuivre.

Prix de 6,000 fr. à M. Elkington, pour la découverte de son procédé de dorure par voie humide, et pour la découverte de ses procédés relatifs à *la dorure galvanique* et à l'application de l'argent sur les métaux.

Prix de 6,000 fr. à M. de Ruolz, pour la découverte et l'application industrielle *d'un grand nombre de moyens* propres soit à dorer les métaux, soit à les argenter, soit à platiner, soit enfin à déterminer la précipitation économique des métaux, les uns sur les autres, *par l'action de la pile.*

Relativement aux autres concurrents, la commission propose d'ajourner toute décision, faute de renseignements propres à établir une application suffisante par l'industrie de leurs procédés ou de leurs produits.

⬩━━◆━━⬩

PIÈCE N. 3.

EXTRAIT DES MÉMOIRES ET NOTES PUBLIÉS PAR M. DE RUOLZ,

SUR LES LOIS

QUI PRÉSIDENT A LA PRÉCIPITATION ADHÉRENTE DES MÉTAUX

LES UNS SUR LES AUTRES.

Les travaux faits jusqu'ici sur la décomposition des dissolutions métalliques à l'aide de la pile, se partagent en trois séries, parfaitements distinctes, savoir :

1° Faire cristalliser ou séparer analytiquement les métaux de leurs minerais (branche étudiée par M. Becquerel);

2° Précipiter des métaux sur d'autres corps en couches continues, mais *non adhérentes*, afin d'en prendre les empreintes (ce qui constitue la galvanoplastie, art qui, avant les brevets de M. Elkington et les miens, se bornait au moulage en cuivre);

3° Enfin l'application de l'or et de l'argent, etc., sur les métaux, en couches *adhérentes et inséparables*, avec leur brillant métallique et leur aspect commercial; cette branche a été l'objet des travaux de M. de la Rive, de M. Elkington et des miens, et nous nous en occuperons exclusivement dans cette note.

1° Les éléments dissolvants de l'or (ou autre métal), doivent être tels qu'ils ne puissent, sous l'influence de la pile, attaquer, corroder, noircir les métaux placés dans la liqueur pour être dorés, etc.;

2° La composition chimique de la liqueur doit être telle, que sous l'influence de la pile, il ne puisse se *précipiter* aucun autre corps que l'or; car cette poussière, s'interposant entre la surface de l'objet et l'or qui vient s'y appliquer, détruirait à la fois et la couleur et l'adhérence de ce dernier ;

3° Les liquides doivent être suffisamment conducteurs de l'électricité (sans quoi pas d'action possible).

Nous répétons que la *réunion de ces trois conditions est indispensable*, et nous démontrons que les *liqueurs brevetées par nous sont, jusqu'à présent, les seules qui les réunissent.* En effet en suivant le procédé de M. de la Rive, il est impossible d'obtenir des résultats utiles, car le liquide proposé par lui (dissolution étendue de chlorure d'or), est conforme aux deux règles n. 2 et n. 3; mais il ne remplit pas la condition n. 1, car la liqueur étant acide, attaque les objets à dorer.

Ce serait une grave erreur que de croire qu'il suffit d'une liqueur *alcaline* pour obtenir ces avantages ; car une liqueur peut être alcaline et fortement alcaline , tout en contenant des acides qui , sous l'action de la pile, attaquent les pièces à dorer; la preuve la plus claire , du reste, que l'état alcalin ne suffit pas pour réussir, c'est que le bain, *si énergiquement alcalin*, employé par M. Elkington, pour la dorure par immersion (au trempé), est *impropre* à la dorure galvanique.

⸻ ◦ ⸻

PIÈCE N. 4.

ANNONCE DU TECHNOLOGISTE.

Manuel complet de Galvanoplastie, ou *Eléments d'electro-métalurgie,* traduit de l'anglais, de M. A. SMÉE, suivi d'un *Traité de Daguerréotypie*, ouvrage publié par M. E. DE VALICOURT, Paris; 1843. in-18, fig. Prix, 3 fr. 50 cent.

MM. Fortin et Masson ont eu l'obligeance de faire pour moi des recherches dans la collection de catalogues anglais qu'ils possèdent : on n'a pas trouvé trace de cette publication, en Angleterre, avant la fin de 1842.

⸻ ◦ ⸻

PIÈCE N. 5.

EXTRAIT D'UN BREVET DE M. ELKINGTON,

EN DATE DU 21 AOUT 1837,

ET DES TRAVAUX DE M. DARCET.

(Séance de l'Académie du 9 mars 1818.)

Pour que les métaux destinés à être dorés soient purgés de toutes leurs impuretés, je les fais d'abord bouillir dans une solution de carbonate de potasse, afin d'enlever les parties huileuses ou crasseuses qui peuvent se trouver dessus ; ensuite, je les mets dans une solution de nitrate de mercure ou autre substance capable de le dissoudre, mitigée par une quantité d'eau, pour purger les métaux des oxides qu'ils peuvent contenir ; quelques gouttes de cette solution suffisent pour chaque gallon d'eau pour enlever les oxides. Du reste, pour m'assurer de la quantité nécessaire, je plonge, dans la solution que j'ai préparée, un morceau de métal ; s'il en sort blanc, il est complétement purgé. Dans le cas contraire, il faut ajouter à l'eau quelques nouvelles gouttes de la solution de nitrate de mercure.

Si toutes ces preuves accumulées n'étaient pas surabondantes, nous invoquerions le droit de tous, et à l'appui de ce droit, nous citerons ce passage du rapport fait à l'Académie des Sciences, sur les travaux de M. Darcet, concernant l'art du doreur, par MM. Thénard, Vauquelin et Chaptal, séance du 9 mars 1818.

« En appliquant l'amalgame sur le bronze, bien décapé, à l'aide d'un pinceau de fil de lai_
« ton trempé dans l'acide nitrique, l'ouvrier était condamné à respirer des vapeurs qui alté-
« raientsa santé. L'auteur propose de substituer à cet acide *une dissolution de nitrate de mercure quiproduit le même effet, et que nous avons employée sans danger pour l'ar-*
« *tiste* Il a pourvu lui-même les ateliers de cettepr éparation, et il décrit le moyen de la faire.
« Il indique ensuite les précautions convenables pour que le maniement de l'amalgame
« n'altère point la santé des ouvriers.

———————◦———————

PIÈCE N° 6.

EXTRAITS DU RAPPORT

FAIT A L'ACADÉMIE DES SCIENCES DE St-PETERSBOURG,

SUR LA DORURE GALVANIQUE,

PAR M. H. JACOBI.

L'Académie se rappelle que M. Lenz et moi lui avons, dans la séance du 12 août 1842, présenté de la part de M. Briant plusieurs objets, la plupart d'une grande dimension, qui avaient été dorés par voie galvanique. Nous avons tous admiré l'uniformité et la beauté de cette dorure, ainsi que la pureté et la chaleur de la nuance et de la couleur, et personne n'a hésité à comparer ces dorures galvaniques aux plus beaux bronzes dorés qu'on ait obtenus jusqu'à présent par la dorure au feu et au mercure.

En laissant de côté les essais de M. de la Rive, puisqu'ils n'avaient pour but ni un principe scientifique exact, ni une application pratique, on voit que l'art de revêtir les surfaces métalliques d'une couche mince d'un autre métal par voie galvanique ne date guère que de l'époque la plus récente ; malgré cela, cette application importante et d'un si grand intérêt de la galvano-plastique, dont nous sommes redevables à M. Elkington, a déjà pris un rang très distingué dans les arts et les professions techniques. . . . .

Le procédé de M. de la Rive peut être en quelque sorte considéré comme un moyen mixte, par cette raison que le cuivre et l'argent se recouvrent déjà, indépendamment de toute action galvanique, d'une couche plus ou moins solide d'or, comme c'était le cas dans l'ancien procédé de dorer de M. Elkington, par la voie humide, sur lequel celui de M. de la Rive ne présente aucun avantage.

Comme il est de mon devoir de suivre les développements que la galvano-plastique reçoit dans tous les pays, je n'ai pas hésité à répéter tous les procédés de dorure qui sont mentionnés dans le rapport que M Dumas a fait à l'Académie des sciences de Paris. Les résultats ne m'ayant rien présenté de nouveau, je n'ai pas cru devoir en entretenir en détail l'Académie ; toutefois j'ai remarqué que les objets que j'ai dorés moi-même ou que j'ai reçus de quelques amateurs qui s'occupaient avec zèle de ce sujet, ou ceux que le commissionnaire de M. de Ruolz (*) avait introduit ici afin de chercher à y importer son procédé, que tous ces objets, dis-je, étaient de beaucoup inférieurs à ceux que M. Briant a mis sous les yeux de l'Académie. En conséquence, j'ai demandé à M. Briant si son procédé offrait quelque chose de particulier et en quoi il consistait, et ce savant, non seulement n'a pas hésité à me donner avec la plus grande libéralité la description de ce procédé, mais en outre, pour lever quelques doutes que j'avais manifestés, il a répété toutes les expériences en ma présence.

Le procédé de M. Briant consiste simplement, d'abord à employer, non pas le chlorure d'or sec, mais de l'oxide d'or dissous dans le cyano-ferrure de potassium, en ajoutant à ce dernier un peu de potasse caustique, et ensuite à se servir, non d'une batterie composée d'un grand nombre de couples, mais de la batterie simple de Daniel à un seul couple, et par conséquent à ne faire usage que d'un courant extrêmement faible dans la décomposition. Il sera sans doute agréable à ceux qui s'intéressent à ce nouvel art d'avoir ici des détails plus précis sur la manipulation qu'exécute M. Briant, afin d'éviter les tâtonnements auxquels on est toujours exposé dans les essais avant de découvrir les proportions exactes, et c'est pour cela que je vais indiquer son mode d'opérer :

1° Huit zolotnik (34 gr. 1264) d'or sont dissous à la manière ordinaire dans l'eau régale et transformés, par évaporation, en chlorure d'or sec aussi exempt d'acide qu'il est possible. Ce chlorure est dissous dans dix livres (4 k. 095) d'eau chaude, à laquelle on ajoute une demi-livre (0 k. 205) de magnésie tamisée avec soin, mais telle qu'on la rencontre dans le commerce ; en laissant digérer ce mélange à une douce chaleur, l'oxide d'or se précipite uni à la magnésie ;

2° Le précipité ainsi obtenu est séparé par le filtre ou par la décantation, suivant les circonstances, et bien lavé à l'eau pure. Cette opération terminée, on le fait digérer pendant quelque temps dans de l'acide nitrique étendu (3 d'acide pour 40 d'eau), afin de lui enlever la magnésie. Le précipité ne renferme plus alors qu'un oxide hydraté pur d'or, qu'on jette sur un filtre et lave avec soin jusqu'à ce que les eaux de lavage ne rougissent plus le papier de tournesol.

(*) Il est faux que j'aie jamais envoyé aucun fondé de pouvoir en Russie. (Note de M. de Ruolz.)

On prépare une dissolution d'une livre (0 k. 409) de cyano-ferrure de potassium et 24 zolotnik (102 gr. 379) de potasse caustique dans dix livres (4 k. 095) d'eau ; on y jette l'oxide d'or qu'on a obtenu avec le filtre et on fait bouillir le tout environ vingt minutes. L'oxide d'or se dissout, et il se dépose au fond une petite portion d'oxide de fer ; la liqueur limpide jaune d'or, qu'on laisse refroidir et qu'on filtre pour séparer sur le papier l'oxide de fer qui retient une très faible proportion d'or, est alors prête pour l'usage (*).......

Quoi qu'il en soit, on peut, par la méthode de M. Briant, et uniquement par voie galvanique, produire un beau mat comparable à ce que l'on prépare de mieux à Paris, sans qu'il soit nécessaire d'avoir recours à une opération additionnelle comme dans la dorure au feu. Le mat, en effet. se produit naturellement de lui-même aussitôt que la couche d'or réduit a atteint l'épaisseur convenable et avec d'autant plus de beauté que la réduction s'est opérée sans application de chaleur et à la température ordinaire. M. Briant emploie de plus pour cela un tour de main qui consiste, vers la fin de l'opération, à étendre avec plus ou moins d'eau la dissolution d'or, soit pour donner une couleur plus rouge au mat, soit une plus grande blancheur et plus de délicatesse........

Il est assez difficile encore de se prononcer sur l'économie que procurera la dorure galvanique. On sait que la dorure au feu, même en manipulant avec le plus de soin qu'il est possible, donne lieu à des pertes considérables. M. Chopin, fabricant de bronzes dorés à Saint-Pétersbourg, et auquel le procédé de M. Briant est bien connu, a devant moi manifesté l'opinion que l'introduction de ce procédé pourrait produire une économie, en or, de 20 à 25 p. 0/0. Du reste, la dorure galvanique ne le cédera certainement pas, en durée, à la dorure au feu, attendu que la première peut être considérée comme une sorte de placage.........

Le procédé de M. Briant (**) est, dans mon opinion, très susceptible d'être appliqué en grand, d'une part parce que tout y est calculé, pour éviter autant qu'il est possible, toute perte secondaire d'or, et de l'autre, parce qu'on n'y remarque aucune manipulation chimique qui puisse porter atteinte à la santé et qu'on n'y emploie aucune substance nuisible ; il n'en est pas de même du sulfure d'or, que M. de Ruolz a proposé, et dont la préparation présente des inconvénients et des désavantages. De même il y a peu de profit à se servir du cyanure de potassium, ainsi que l'a proposé M. Elkington, puisque ce sel se décompose spontanément par son contact à l'air ou son exposition à la lumière, et qu'il est plus difficile de se le procurer dans le commerce que le cyano-ferrure dont M Briant fait usage (***).

Si l'on prend en considération l'économie en métal précieux que procurera la dorure galvanique, et plus encore la conservation de la vie d'un si grand nombre d'individus, qui tombent frappés chaque année victimes des besoins impérieux que réclame le luxe en objets de décoration dorés au feu, on sentira tout l'intérêt que présente ce nouvel art, je demande donc que les remerciements de l'Académie soient adressés à M. Briant ; pour la communication de son excellent procédé, et que copie de ce rapport soit envoyée aux Ministres des finances et de l'intérieur, ainsi qu'au Directeur des travaux publics.

(*) On peut voir à la pièce n. 7, que ces moyens sont ceux que j'avais indiqués et publiés plus d'un an avant, ainsi que l'emploi de la pile isolée indépendante des pièces à dorer. (Note de M. de Ruolz.)
(**) On a vu que c'est le mien. (Note de M. de Ruolz.)
(***) C'est mon brevet du 25 sept. 1841 reproduit par M. Briant en août 1842. (Note de M. de Ruolz.)

REPONSE DE M. DE RUOLZ.

Si, dans ce rapport, M. Jacobi s'était contenté de distribuer, avec ce tact dont il a toujours fait preuve, la louange ou la critique aux travaux de tout le monde en oubliant de s'occuper des miens, je n'aurais pas cru nécessaire de répondre. En effet, placé entre les éloges de M. Dumas et le silence de M. Jacobi, ma position resterait supportable ; mais avec une complète candeur, qui prouve une entière ignorance des faits, M. Jacobi donne un exposé fort clair d'une partie de mes travaux, et les présente sous le nom d'un autre. Comme les grands résultats de la galvanoplastie ne peuvent manquer de faire passer à la postérité les œuvres de M. Jacobi, et que je tiens essentiellement à ce que la postérité sache la vérité, je vais la dire;

M. Jacobi attribue à M. Elkington le premier emploi des cyanures simples, il eût été plus juste de lui attribuer, ainsi qu'il est vrai, la simultanéité de cette invention avec moi, question du reste assez peu importante, par suite de la fusion complète de nos intérêts et des relations d'amitié et d'estime qui se sont établies entre nous.

M. Jacobi aurait pu se souvenir aussi que je suis le *premier* qui aie proposé l'application du cuivre par des dissolutions, seules propres jusqu'ici à produire une intermédiaire convenable pour la dorure et l'argenture sur fer et sur acier.

Il eût pu se rappeler que j'ai *seul* généralisé la question et présenté un travail complet sur l'application adhérente et industrielle des divers métaux, les uns sur les autres.

Enfin, à propos du sulfure d'or, il laisse à entendre que c'est le seul procédé que j'aie proposé, en oubliant que c'en est un parmi vingt autres

Comme M. Dumas avait dit tout cela, je me serais peut-être consolé de ces oublis ; mais voici ce qui est vraiment curieux.

M. Jacobi, qui n'avait rien vu de nouveau, dit-il, dans le rapport de M. Dumas, a trouvé cependant fort nouvelles et dignes de tout l'éloge de l'Académie de Saint-Pétersbourg, deux choses qui s'y trouvent : une théorie et un fait. Cette théorie est la préférence à donner aux ferro-cyanures de potassium sur le cyanure simple, laquelle est développée, dans ce rapport de M. Dumas, exactement dans les termes dont M. Jacobi s'est servi ; car ici il a copié (et c'est ce qu'il a fait de mieux.)

Enfin il a trouvé, et nous ne pouvons en vérité nous expliquer comment, que ce qui n'était pas neuf, trouvé par moi en 1841, était très neuf trouvé par M. Briant en 1842.

Mon Mémoire à l'Académie des Sciences de Paris, sur les ferro-cyanures, est de 1841. Ce Mémoire et mes brevets d'invention, de la même époque, donnent (entre autres) *exactement* la préparation de M. Briant, en y comprenant l'addition de potasse caustique dont mon brevet explique les motifs. J'ai doré avec cette même préparation devant toute la Commission de l'Institut, *en octobre 1841*, et en présence de M. Fritzsche, de l'Académie de Saint-Pétersbourg, dont je puis invoquer le témoignage honorable, s'il était besoin de témoignage en face de dates authentiques.

<table>
<tr><td>Mon Mémoire et mes
brevets, juin 1841.</td><td>M. Briant et son Mémoire,
août 1842.</td></tr>
</table>

H. DE RUOLZ.

Paris, 27 juin 1843.

———◦◦◦———

PIÈCE N. 6 bis.

LETTRE DE M. LANGEVIN,

BIJOUTIER-DOREUR.

28 Décembre 1845.

MONSIEUR,

Les rapports que j'ai eu avec M. Perrot de Rouen, les voici :

Vers la fin de 1839, MM. Perrot et Darnis viennent me voir un dimanche pour me demander des renseignements sur les préparations des métaux, avant la dorure et sur les mises en couleur et leur fixation.

En même temps ils me firent voir différentes pièces dorées, elles m'ont paru revêtues d'une couche très légère ; quant à l'apparence même, selon mon avis et le sien, elles n'étaient pas commerciales, ce qui fait qu'il désirait les mettre en couleur.

Nous fîmes ensemble divers essais sur les modèles qu'il m'a apportés, et nous n'obtînmes aucun résultat ; cependant, à plusieurs reprises, je lui décapai différents objets, et je ne vis pas de résultat, pas même la reproduction des pièces préparées par moi, et d'autres que je lui avais données, tout en lui montrant à les préparer.

Vers les dernières fois que je l'ai vu, il me dit qu'il me reverrait et depuis ce temps je ne l'ai revu, ni entendu parler ; si ce n'est que six mois après, je rencontrai M. Darnis, je lui en demandai des nouvelles, il me dit que M. Perrot s'occupait d'une affaire mécanique, et que c'était sans doute le motif qu'il n'avait pas continué.

J'ai l'honneur de vous saluer,

LANGEVIN.

P. S. *Quant à l'argenture il ne m'en a jamais parlé.*

PIÈCE N. 7.

Tableau
DES DISSOLUTIONS DIVERSES

INDIQUÉES AUX BREVETS DE M. DE RUOLZ.

Dorage.	22	préparations.
Argentage · . . .	19	id.
Platinage.	5	id.
Cuivrage.	7	id.
Nickelage	3	id.
Cobaltisage. . . .	3	id.
Etamage	1	id.
Plombage	1	id.
Zincage.	9	id.
Palladiage	3	id.
Bronzage.	1	id.

74

LISTE

DES DISSOLUTIONS INDIQUÉES DANS LES BREVETS DE M. DE RUOLZ.

DORURE.

Nᵒˢ.	DATES.	DISSOLUTIONS
1	19 Décembre 1845.	Oxyde d'or dissous dans la potasse.
2	17 Juin 1841.	Cyanure de potassium 6 p. Eau 100 p. Cyanure d'or 1 p. $+$ Acide cyanhydrique 24 gouttes d'acide au quart par gramme d'or.
3	Dudit Jour.	Pour la couleur rouge de l'or : bichlorure de cuivre, solution à 1/2 degré aréom. 6 p. $+$ solution de chlorure d'or à 1/2 degré 1 p.
4	27 Août 1841.	Cyanure d'or 1 p. Cyanure de potassium, 10 p. Eau 100 p., pas d'acide cyanhydrique.
5	Dudit jour.	Pour la couleur rouge de l'or. Mélange de la solution n. 4 et d'une solution de cyanure double de cuivre et de potassium
6	25 septemb. 1841.	Eau 100 p. Cyanure de potassium 10 p. $+$ Oxyde d'or 1 p.
7	Dudit Jour.	Eau 200 p. ferro-cyanure de pot. 30 p. $+$ Cyanure d'or 1 p.
8	Dudit Jour.	Eau 1,000. Prussiate jaune 150 Oxyde d'or 1.
9	Dudit Jour.	Oxyde d'or dissous dans la soude.
10	Dudit Jour.	Cyanure d'or dissous dans le prussiate de potasse rouge.

SUITE DE LA DORURE.

N⁰ˢ.	DATES.	DISSOLUTIONS.
11	25 septemb. 1841.	Oxyde d'or dissous dans le prussiate rouge.
12	Dudit jour.	Eau 100 p. Prussiate jaune 6 p. Chlorure d'or neutre 1 p. $+$ Potasse caustique q s.
13	29 novemb. 1841.	Chlorure double d'or et de sodium, dissous dans 100 p. de soude à 10° aréom.
14	Dudit Jour.	Chlorure double d'or et de potassium 1 p. Eau 100 p. Cyanure de potassium, 15 p.
15	Dudit Jour.	Potasse caust. à 10° aréom. 100 p. $+$ Oxyde d'or 0,20 $+$ courant d'hydrogène sulfuré jusqu'à saturation.
16	3 février 1842.	Eau 150. Cyanure de potassium 24. Chlorure d'or 1.
17	7 mars 1842.	Iodure d'or 1 p. Iodure de potassium 10 p. Eau 100 p.
18	Dudit Jour.	Oxyde d'or 0,50. Eau de baryte à 3° aréom. 200 p.
19	Dudit Jour.	Sulfure d'or 0,50 $+$ Eau 150. Hyposulfite de soude 20.
20	Dudit Jour.	Cyanure d'or 1 p. Hyposulfite de soude 15 p. Eau 150.
21	Dudit Jour.	Sulfure d'or 1 p. Prussiate jaune 40 p. Eau 400 p.
22	17 avril 1842.	Eau 100 p. Cyanure de potassium 6 p. Sulfure d'or 1/4 p.

ARGENTURE.

N°.	DATES.	DISSOLUTIONS.
1	17 juin 1841	Eau 100 p. Cyanure de potassium 10 p. Cyanure d'argent 1 p. Acide cyanhydrique au quart 10 gouttes par gram. d'argent.
2	27 août 1841.	Eau 100 p. Cyanure de potassium 10 p. Cyanure d'argent 1 p. Pas d'acide cyanhydrique.
3	25 septembre 1841.	Eau 100 p. Cyanure de potassium 10 p. Carbonate d'argent 1 p.
4	Dudit Jour.	Oxyde d'argent dissous dans le cyanure de potassium.
5	Dudit jour.	Ferro-cyanure d'argent 1 p. Cyanure de potassium 10 p. Eau 100 p.
6	Dudit jour.	Ferro-cyanure d'argent 1 p. Prussiate jaune 15 p. Eau 100 p.
7	Dudit jour.	Carbonate d'argent 1 p. Prussiate jaune 15 p. Eau 100 p.
8	Dudit Jour.	Oxyde d'argent 1 p. Prussiate jaune 15 p. Eau 100 p.
9	25 septembre 1841.	Cyanure d'argent 1 p. Prussiate jaune 15 p. Eau 100 p.
10	29 décembre 1841.	Chlorure d'argent 1 p. Hyposulfite de soude 10 p. Eau 100 p.
11	Dudit Jour.	Phosphate d'argent 1 p. Hyposulfite de soude 10 p. Eau 100 p.
12	Dudit Jour.	Carbonate d'argent 0,75. Hyposulfite de soude 10 p. Eau 100 p.

SUITE DE L'ARGENTURE.

N[os].	DATES.	DISSOLUTIONS.
13	29 décemb. 1841.	Oxyde d'argent 0,75. Hyposulfite de soude 11 p. Eau 100 p
14	Dudit Jour.	Oxalate d'Argent 0,75. Hyposulfite de soude 11 p. Eau 100 p
15	Dudit Jour.	Tartrate d'argent 0,75. Hyposulfite de soude 11 p. Eau 100 p.
16	Dudit Jour.	Tous les sels d'argent ci dessus avec les hyposulfites de potasse, de chaux, de baryte, de strontiane.
17	7 mars 1842.	Borate d'argent 1 p. Prussiate jaune 15 p. Eau 100 p.
18	Dudit Jour.	Chlorure d'argent 1 p. Prussiate jaune 15 p. Eau 100 p.
19	17 avril 1842.	Iodure d'argent 1 p. Cyanure de potassium 10 p. Eau 100 p,

PLATINAGE.

N°s.	DATES.	DISSOLUTIONS.
1	25 septemb. 1841.	Eau 100 p. Chlorure de platine 1 p. Carbonate de soude 5 p. Cyanure de potassium 2 p.
2	29 novemb. 1841.	Potasse caustique, solution à 10° aréom. + Chlorure double de platine et de potassium.
3	17 mars 1842.	Chlorure de platine dissous dans la soude.
4	Dudit Jour.	Chlorure de platine dissous dans l'Iodure de potassium.
5	6 décembre 1842.	Solution étendue de chlorure double, de platine et d'ammoniaque dans l'acide chlorhydrique.

CUIVRAGE.

N°s.	DATES.	DISSOLUTIONS.
1	27 août 1841.	Cyanure double de cuivre et de potassium.
2	29 Décemb 1841.	Carbonate de cuivre dissous dans les Bicarbonates alcalins.
3	Dudit jour.	Eau 100 p. Hyposulfite de soude 10 p. Sulfate de cuivre 1 p. (cuivrage du fer).
4	Dudit jour.	Eau 100 p. Hyposulfite de soude 10 p. nitrate de cuivre 1 p. (cuivrage sur fer et étain).
5	3 février 1842.	Bichlorure de cuivre 1 p. cyanure de potas. 24 p. Eau 150 p.
6	17 avril 1842.	Eau 100 p. Bioxalate de potasse 4 p. bioxyde de cuivre 0,70.
7	6 décemb. 1842.	Carbonate de cuivre jusqu'à saturation dans une solution concentrée de Bitartrate alcalin.

NICKELAGE.

N°.	DATES.	DISSOLUTIONS
1	27 août 1841.	Cyanure de nickel dissous dans le cyanure de potassium.
2	Dudit Jour.	Carbonate de nickel dissous dans le cyanure de potassium.
3	6 décemb. 1841.	P. eg. de solution de chlorhydrate d'ammoniaque à 16° aréom et de solution d'acétate de nickel à 16" + soude caustique.

COBALTISAGE.

N°.	DATES.	DISSOLUTIONS
1	27 août 1841.	Cyanure de cobalt dissous dans le cyanure de potassium.
2	Dudit Jour	Carbonate de cobalt dissous dans le cyanure de potassium.
3	6 décemb. 1842.	Solution ammoniacale de chlorure de cobalt.

ÉTAMAGE.

N°.	DATES.	DISSOLUTIONS
1	29 septem. 1841.	Proto-chlorure d'étain dissous dans la soude.

PLOMBAGE.

N°.	DATES.	DISSOLUTIONS
1	29 novemb. 1841.	Protoxyde de plomb dissous dans la potasse ou la soude.

BRONZAGE.

N°.	DATES.	DISSOLUTIONS
»	Séance de l'Académ. du 8 août 1842.	Cyanure de potassium, eau, cyanure de cuivre et bioxyde d'étain ; Dans les proportions déterminées pour obtenir l'alliage des bouches à feu.

ZINCAGE.

N^{os}.	DATES.	DISSOLUTIONS.
1	25 septemb. 1841.	Solution d'oxide de zinc dans la potasse ou dans la soude.
2	Dudit jour.	Cyanure de zinc dissous dans le cyanure de potassium.
3	29 novemb. 1841.	Eau 100, sulfate de zinc 40, chlorure de sodium 5.
4	3 février 1842.	Chlorure de zinc dissous dans la soude.
5	Dudit jour.	Chlorure double de zinc et d'ammoniaque.
6	Dudit jour.	Chlorure double de zinc et de sodium.
7	Dudit jour.	Acétate de zinc en solution faible.
8	Dudit jour.	Sulfate de zinc, chlorure de sodium et acide sulfurique en léger excès.
9	Dudit jour.	Toutes les solutions précédéntes mêlées, avec parties égales de sels de fer analogues.

PALLADIAGE.

N^{os}.	DATES.	DISSOLUTIONS.
1	novemb. 1843.	Nitrate chlorure ou sulfate de palladium dissous dans la potasse ou la soude. Palladiage au trempé dans cette liqueur bouillante.
2	Dudit jour.	Palladiage galvanique ; la même liqueur, plus sulfate de soude.
3	Dudit jour.	Un Sel quelconque de palladium (mais préférablement le cyanure), dissous dans le cyanure de potassium.

PIÈCE N. 9.

Cette pièce est une copie volumineuse (que nous avons déposée à l'Académie) de nos
brevets, nous pensons que l'extrait donné (pièce 7) est ici suffisant.

PIÈCE N. 10.

Cette pièce, déposée par moi à l'Académie, est le volume intitulé galvanoplastie ou éléments
d'électro-métallurgie , etc., par Smée.

Publié par E. de Valicourt.

A Paris, chez Roret, 1843.

PIÈCE N. 11.

Cette pièce est la copie, déposée par nous à l'Académie, des brevets de M. Elkington.

Paris, le 19 Janvier 1846.

H. DE RUOLZ.

IMP. BENARD ET COMP⁶, PASS. DU CAIRE, 2.

ACADÉMIE DES SCIENCES.

(Extrait des *Comptes rendus des séances de l'Académie des Sciences*,
séance du 29 novembre 1841.)

RAPPORT

SUR

LES NOUVEAUX PROCÉDÉS INTRODUITS DANS L'ART DU DOREUR

Par MM. ELKINGTON et DE RUOLZ.

**Commissaires : MM. Thenard, d'Arcet, Pelouze, Pelletier,
Dumas** rapporteur.

« Un art nouveau, de la plus haute importance, car il tend à rendre générales les jouissances du luxe le mieux raisonné, vient, sinon de naître en
France, du moins d'y recevoir des développements inattendus. C'est l'art
d'appliquer à volonté les métaux les plus résistants ou les plus beaux, en
couches minces comme celles d'un vernis, ou en couches plus épaisses à volonté, sur des objets façonnés avec d'autres métaux moins chers et plus
tenaces que ceux-ci.

» Ainsi, des objets en fer, en acier, c'est-à-dire tenaces, durs ou tranchants, mais oxydables à l'air, peuvent, tout en conservant leurs anciennes
propriétés, devenir inaltérables au moyen d'un vernis d'or, de platine ou
d'argent, vernis si léger et si mince que leur prix s'en ressent à peine.

» Des ustensiles en cuivre, laiton ou étain, qui seraient dangereux ou
désagréables, peuvent recevoir la même préparation en couches plus épaisses
et en devenir inaltérables à l'air, inodores et d'un emploi salubre. Et comme
l'agent qui opère de tels effets possède une puissance sans limites, il faut

I

ajouter que ce n'est pas seulement l'or, le platine et l'argent qu'on peut appliquer sur quelques métaux, mais le cuivre, le plomb, le zinc, le nickel, le cobalt, etc., qui, mis à contribution selon les circonstances, viennent à leur tour changer l'aspect des objets sur lesquels on les force à se déposer ou bien leur communiquer des propriétés utiles et nouvelles.

» C'est assez dire que l'agent qui détermine ces précipitations métalliques n'est autre chose que la pile, mais la pile appliquée à des dissolutions d'une nature convenable et dont jusqu'ici la nécessité n'avait point été comprise pour ces sortes de réactions.

» Nous demanderons à l'Académie la permission de l'arrêter quelques moments sur un art qui aura pour effet presque certain de détruire tous les ateliers si dangereux de dorure au mercure, qui transportera jusque dans la plus humble chaumière l'usage agréable et salubre de l'argenterie, qui permettra d'appliquer le vermeil à une foule d'objets d'usage commun, et qui par cela même provoquant une déperdition considérable des métaux précieux, viendra ranimer l'exploitation des mines d'argent, rehausser le prix avili de ce métal, et faire équilibre à l'excès de production, qui à son égard se manifeste depuis longtemps d'une manière si frappante.

» La Commission formée au Ministère des Finances, par M. Lacave-Laplagne pour l'examen de nos monnaies, de nos ateliers monétaires et la refonte générale de tous nos métaux en circulation, verra donc avec plaisir une découverte qui tend à corriger un inconvénient dont elle s'était vivement préoccupée, l'accumulation excessive de l'argent en France, qui en moins de quinze années a vu doubler son capital en argent et disparaître les $\frac{5}{7}$ au moins de son capital en or. Mais elle verra peut-être aussi avec quelque inquiétude qu'à tant de causes qui menacent la situation de nos monnaies en circulation, les procédés nouveaux, les forces nouvelles dont l'industrie s'empare, viennent ajouter des moyens de fraude jusqu'à présent inconnus. Chacun de ses membres trouvera, nous n'en doutons pas, dans ce peu de paroles où nous ne pouvons pas néanmoins dire toute notre pensée, un motif grave et profond pour appeler de tous ses vœux et pour susciter autant qu'il est en lui de le faire, la mise en pratique des résolutions longuement élaborées qui auraient pu déjà placer nos monnaies dans une situation moins dangereuse pour le pays et mieux en harmonie avec l'état actuel des sciences et des arts.

» Les détails dans lesquels nous allons entrer feront aisément comprendre, en effet, les conditions nouvelles dans lesquelles va se trouver le commerce et le maniement des métaux précieux, en présence d'un art qui permet de dorer, d'argenter, de platiner toute matière métallique, à toute épaisseur, sans altérer en rien ses formes les plus délicates, d'un art qui avec l'objet permet de refaire le moule, tout comme avec le moule il donne le moyen de reproduire l'objet; d'un art, enfin, où les produits s'obtiennent sans bruit, sans appareil, sans dépense première, sans main-d'œuvre, et où le moindre emplacement suffit pour une exploitation étendue.

» La Commission connaît toute la gravité de ses paroles; elle les a mûrement pesées. Mais il était de son devoir de réveiller alors qu'il en est temps, et en présence d'un danger inévitable, la sollicitude de l'administration et celle du commerce.

» La dorure sur laiton et argent, celle qui se pratique le plus, se faisait constamment, il y a peu d'années encore, au moyen du mercure. Après avoir décapé soigneusement la pièce, on la barbouillait d'un amalgame d'or, puis on la passait au feu; le mercure s'évaporant, laissait l'or à la surface de la pièce. Mais, dans la pratique d'un pareil procédé, les ouvriers, exposés sans cesse au contact du mercure liquide ou à l'action du mercure en vapeurs, éprouvent au plus haut degré les funestes effets de l'empoisonnement par les émanations mercurielles.

» L'Académie a toujours pris un intérêt particulier au perfectionnement de cette industrie, sous le rapport de la salubrité. En 1818, un prix de 3 000 francs, fondé par un ancien doreur sur bronze, M. Ravrio, a été décerné par elle à notre confrère M. d'Arcet, qui à cette époque n'avait pas encore été appelé dans son sein par la Section de Chimie. Depuis lors, l'Académie n'a pas perdu de vue l'art du doreur; elle a suivi tous les essais dont il a été l'objet, avec l'espoir d'y trouver la solution d'une question si digne de la sollicitude de tous les amis de la classe ouvrière.

» C'est dans cet esprit que la Commission des arts insalubres est venue proposer cette année à l'Académie, de récompenser l'introduction dans les arts de la dorure galvanique, ainsi que la découverte de la dorure par voie humide, qui, mise en pratique sur le laiton, tant en Angleterre qu'en France, y est devenue l'objet d'un commerce important, sûr garant de son succès et de sa valeur.

» La Commission distingua l'un de l'autre ces deux procédés de dorure, par la raison que le premier, qui repose sur l'emploi de la pile, permet d'obtenir de la dorure à toute épaisseur et de dorer tous les métaux, ce qui l'assimile au procédé de la dorure au mercure, tandis que le second fournit une dorure mince, qui ne remplace réellement pas la dorure au mercure, et qui le plus souvent ne s'applique pas aux mêmes objets. Cependant elle soumit les ateliers où se pratique la dorure par voie humide à un examen scrupuleux; elle en étudia les procédés avec soin ; elle les fit répéter et varier sous ses yeux.

» Mais au moment où elle allait faire connaître son opinion à l'Académie, de nouveaux incidents vinrent compliquer la question, en lui donnant des proportions et un intérêt tout à fait imprévus.

» En effet, la Commission connaissait diverses publications ou documents émanés de M. de la Rive, professeur de physique et correspondant de l'Académie, où cet habile physicien fait connaître les résultats qu'il a obtenus par la dorure exécutée au moyen de la pile, en agissant sur des dissolutions de chlorure d'or. Ce procédé, dont la Commission avait compris tout l'avenir, permet d'augmenter à volonté l'épaisseur de la couche d'or, mais il offre des inconvénients réels, dus à quelques difficultés d'exécution et à certains défauts d'adhérence entre l'or et le métal sur lequel on l'applique. Le principe physique, base du nouvel art une fois trouvé, il fallait encore y joindre toutes les ressources chimiques nécessaires pour rendre la dorure solide, brillante, capable de prendre le mat, le bruni et les couleurs; enfin, il fallait surtout rendre l'opération économique.

» La Commission connaissait aussi tout ce qui concerne le procédé de dorage par voie humide, tel que le pratique M. Elkington, soit en France, soit en Angleterre, et elle avait constaté que ce procédé ne pouvait pas remplacer, dans le plus grand nombre des cas, la dorure au mercure. En effet, par la voie humide on ne peut fixer qu'une quantité d'or tellement faible à la surface de la pièce, qu'il est impossible à la meilleure dorure par voie humide d'atteindre l'épaisseur à laquelle la plus mauvaise dorure au mercure est forcée d'arriver.

» Ainsi il restait quelques doutes dans l'esprit de la Commission, sur l'efficacité du procédé de M. de la Rive dans la pratique, quoiqu'il parût de sa nature capable de remplir l'objet que se propose la dorure au mercure, et elle était demeurée convaincue que, de son côté, le procédé de M. Elkington ne remplace pas la dorure au mercure, tout en constituant une nouvelle et très-intéressante industrie. La Commission avait cru pouvoir conclure de ses essais, que le procédé de M. de la Rive donne une dorure assez épaisse, mais manquant de solidité, d'adhérence ; tandis que celui de M. Elkington, où l'adhérence est parfaite, ne donne pas l'épaisseur qu'exigent les pièces bien fabriquées au mercure.

» Diverses réunions de la Commission, où les représentants de M. Elkington avaient été appelés, avaient fourni l'occasion à ses divers membres d'exprimer très-nettement leur opinion sur ce point , et l'on n'avait fait connaître aucune solution à la difficulté dont nous étions préoccupés.

» Sur ces entrefaites, l'Académie reçut de M. de Ruolz un Mémoire où se trouvent décrits des procédés dans lesquels l'auteur, combinant l'emploi de la pile et celui des dissolutions d'or dans les cyanures alcalins, arrive à obtenir sur tous les métaux une dorure à la fois adhérente, solide et d'une épaisseur susceptible de se modifier à volonté, depuis des pellicules infiniment minces, jusqu'à des lames de plusieurs millimètres. Généralisant son procédé, M. de Ruolz l'applique à l'or, à l'argent, au platine et à nombre d'autres métaux plus difficiles à réduire.

» Ce Mémoire, les produits qui l'accompagnaient, avaient vivement excité l'intérêt de la Commission, lorsque l'agent de M. Elkington, à Paris , s'empressa de soumettre à l'Académie un brevet pris par M. Elkington , et antérieur de quelques jours à celui de M. de Ruolz. La Commission reconnut , en effet, avec surprise, que ce brevet existait, qu'il renfermait la description d'un procédé pour l'application de l'or, ayant de l'analogie avec celui de M. de Ruolz, et elle en est encore à comprendre aujourd'hui par quels motifs on lui a caché l'existence de ce brevet, qui répondait victorieusement à toutes ses objections, tant qu'il n'était pas encore question de M. de Ruolz et de ses procédés.

» Quoi qu'il en soit, son devoir était tracé ; elle s'est efforcée de le remplir. Les mandataires de M. Elkington ont opéré en sa présence ; M. de Ruolz en a fait autant ; les uns et les autres ont remis entre ses mains tous les documents qu'ils ont cru propres à l'éclairer ; l'analyse de ces documents, le récit de ces expériences , mettront l'Académie en état de porter un jugement sur la valeur des procédés des deux inventeurs.

» Nous diviserons ce rapport en trois parties : la première est relative au procédé par voie humide, tel que le pratique en grand M. Elkington ; la seconde a trait au procédé galvanique du même industriel ; la troisième, enfin , a pour objet les procédés de M. de Ruolz.

1°. Dorure par voie humide.

» La dorure par voie humide s'obtient par un procédé très-simple en pratique, mais dont l'explication ne se présentait pas d'une manière très-satisfaisante à l'esprit des chimistes, et qui par cela même d'ailleurs, devait offrir et offrait en effet des irrégularités inexplicables à l'emploi.

» Ce procédé consiste à dissoudre l'or dans l'eau régale, ce qui le convertit en perchlorure d'or ; à mêler celui-ci avec une dissolution d'un grand excès de bicarbonate de potasse, et à faire bouillir le tout pendant assez longtemps. On plonge ensuite, dans la liqueur bouillante, les pièces de laiton, de bronze ou de cuivre bien décapées, et la dorure s'applique immédiatement, une portion du cuivre de la pièce se dissolvant pour remplacer l'or qui se précipite.

» Dans une note adressée à l'Académie, un chimiste anglais, M. Wright, a fait connaître les résultats des recherches entreprises par lui, conjointement avec M. Elkington, et d'où dériverait une explication plus satisfaisante de ce procédé que celles qui ont été proposées jusqu'ici.

» Il résulte de leurs expériences, que le perchlorure d'or ne convient pas bien à la dorure ; que le protochlorure réussit beaucoup mieux. Ils expliquent par là comment il est nécessaire de faire bouillir longtemps le perchlorure d'or avec la dissolution de bicarbonate de potasse, car pendant cette ébullition prolongée, le perchlorure passe lentement et difficilement, il est vrai, au minimum. La liqueur prend ainsi une teinte verdâtre. Mais le choix du bicarbonate de potasse influe beaucoup sur le résultat. Ce sel renferme presque toujours des traces de substances organiques capables de réduire le perchlorure d'or à l'état de protochlorure. Quand le bicarbonate de potasse est trop pur, quand ces matières organiques manquent, l'opération ne réussit donc qu'avec difficulté ; tandis que la présence de ces mêmes matières la rend très-aisée à conduire. Du reste, l'acide sulfureux, l'acide oxalique, le sel d'oseille et bien d'autres matières organiques ou minérales, peuvent jouer ce rôle, et rien n'empêche de les ajouter au liquide peu à peu jusqu'à complet retour de l'or à l'état inférieur de chloruration.

» D'après ses propres essais, votre Commission est disposée à croire que l'opinion de MM. Wright et Elkington est fondée. Elle regarde donc le liquide employé à la dorure par voie humide, comme essentiellement formé d'une combinaison de protochlorure d'or et de chlorure de potassium dissoute dans un liquide très-chargé de carbonate et même de bicarbonate de potasse. Bien entendu qu'on pourrait envisager la liqueur comme renfermant du protoxyde d'or dissous dans la potasse et supposer tout le chlore à l'état de chlorure de potassium.

» Si l'expérience démontrait à l'avenir que les métaux se précipitent mieux quand on prend leurs dissolutions au même état de saturation que le sel qui doit les remplacer, la remarque de MM. Wright et Elkington aurait de l'importance. Ils pensent, en effet, que ce qui assure le succès de la dorure par voie humide, c'est que le chlorure de cuivre qui prend naissance étant un chlorure à 2 atomes de chlore, on doit employer un chlorure d'or renfermant aussi 2 atomes de chlore, et non point un chlorure qui en contienne 3, comme c'est le cas pour le perchlorure d'or.

» Du reste, pour apprécier le véritable rôle de la dorure par voie humide dans les arts, il nous suffira de rapporter ici les analyses de diverses plaques dorées soit au mercure, soit par la voie humide et essayées par les soins de notre confrère M. d'Arcet au laboratoire de la Monnaie. Des plaques de l'alliage connu dans le commerce sous le nom de *bronze,* ont été remises à divers fabricants qui se sont chargés de les faire dorer. Ils ont cherché à obtenir la dorure la plus forte et la dorure la plus faible, en demeurant toutefois dans les limites des habitudes commerciales.

» Voici les résultats obtenus sur des plaques de 1 décimètre carré :

Quantité d'or par décimètre carré dans la dorure au mercure.

	Par M. Plu.	Par M. Denière.	Par M. Beaupray.
	gr.	gr.	gr.
Dorure maximum.........	0,1420	0,2333	0,2595
Dorure minimum.........	0,0428	0,0736	0,0695

» La quantité d'or dans les deux cas, varie donc dans le rapport 100 : 16,5, ou sensiblement de 6 : 1.

» Voici maintenant les résultats obtenus par la voie humide :

Quantité d'or par décimètre carré dans la dorure par voie humide.

	Par MM. Bonnet et Villermé.	Par M. Élambert.
	gr.	gr.
Dorure maximum...........	0,0353	0,0422
Dorure minimum...........	0,0274	»

» Ainsi, la meilleure dorure par voie humide ayant fixé 0,0422 d'or par décimètre carré, et la plus pauvre au mercure en ayant pris 0,0428, on voit que la dorure par voie humide arrive à peine, dans le cas le plus favorable, au degré d'épaisseur que la plus mauvaise dorure au mercure est obligée d'atteindre.

» Ce sont donc deux industries distinctes: l'une ne peut pas remplacer l'autre.

2°. *Procédé galvanique de* M. Elkington.

» Comme ce procédé est assez simple et que sa description n'est pas bien longue, nous donnerons ailleurs le texte du brevet ; ici , une analyse suffira.

» M. Elkington prend 31 grammes 25 centigr. d'or converti en oxyde, 5 hectogr. de prussiate de potasse, et 4 litres d'eau. Il fait bouillir le tout pendant une demi-heure ; dès-lors le liquide est prêt à servir. Bouillant, il dore très-vite ; froid, il dore plus lentement. Dans les deux cas, on y plonge les deux pôles d'une pile à courant constant, l'objet à dorer étant suspendu au pôle négatif où le métal de la dissolution vient se rendre.

» Dans le brevet de M. Elkington, le mot prussiate de potasse, qui est employé sans autre définition, pouvait laisser de l'incertitude, car les chimistes connaissent trois prussiates de potasse : le prussiate simple, le prussiate jaune ferrugineux, et le prussiate rouge. Le mandataire de M. Elkington, prié de s'expliquer sur ce point, nous a dit que le brevet entendait parler du prussiate simple, du cyanure de potassium. En effet, lorsqu'il a exécuté devant nous ses procédés, c'est le cyanure simple de potassium qu'il a mis en usage.

» Dans les essais que nous avons faits du procédé de M. Elkington, nous avons doré du laiton, du cuivre et de l'argent.

» En opérant sur une cuillère de dessert en argent, avec la liqueur portée à 60° centigrades, on obtient une dorure rapide et régulière. A peine immergée, la cuillère était déjà couverte d'or. Par chaque minute, il s'en déposait environ 5 centigrammes, et nous n'avons pas prolongé l'expérience lorsque, après six pesées successives, nous avons reconnu que la quantité demeurait la même pour le même temps.

» On peut donc augmenter l'épaisseur de la couche d'or à volonté, et se rendre compte de cette épaisseur par la durée de l'immersion.

» Mais le cyanure de potassium simple est un sel coûteux, difficile à conserver en dissolution, dont l'emploi susciterait divers obstacles en fabrique, et il reste douteux qu'en l'employant, la dorure se fît à meilleur compte que par la méthode actuelle au mercure.

3°. *Procédés galvaniques de M. de Ruolz, pour l'application d'un grand nombre de métaux sur d'autres métaux.*

» Ainsi que nous l'avons fait remarquer plus haut, tandis que M. Elkington sollicitait une addition à ses brevets, M. de Ruolz, de son côté, prenait un brevet d'invention pour le même objet. Le brevet de perfectionnement de M. Elkington est du 8 décembre 1840; celui de M. de Ruolz, du 19 décembre. Tout démontre que M. de Ruolz a travaillé de son côté, sans connaître la demande de M. Elkington ; d'ailleurs ses procédés sont aujourd'hui fort différents de ceux de l'industriel anglais.

» Laissant de côté ces questions de brevet que nous n'avons pas à examiner, et nous renfermant dans la discussion scientifique, nous allons exposer à l'Académie les résultats remarquables obtenus par M. de Ruolz.

» *Dorure.* — Pour appliquer l'or, M. de Ruolz emploie la pile, comme le font MM. de la Rive et Elkington ; mais il a éprouvé une telle variété de dissolutions d'or, qu'il lui a été facile d'en trouver de moins chères et de plus convenables que celle dont M. Elkington fait usage lui-même.

» Ainsi, il s'est servi, 1° du cyanure d'or dissous dans le cyanure simple de potassium ; 2° du cyanure d'or dissous dans le cyano-ferrure jaune ; 3° du cyanure d'or dissous dans le cyano-ferrure rouge ; 4° du chloru d'or dissous dans les mêmes cyanures : 5° du chlorure double d'or et de potassium dissous dans le cyanure de potassium ; 6° du chlorure double d'or et de sodium dissous dans la soude (1) ; 7° du sulfure d'or, dissous dans le sulfure de potassium neutre.

» Les chimistes seront même étonnés, à entendre tous ces procédés, que le dernier de tous, celui qui repose sur l'emploi des sulfures, soit le plus convenable, et qu'appliqué à dorer des métaux tels que le bronze et le laiton, dont on connaît la sensibilité en ce qui concerne la sulfuration, il réussisse à merveille et en donnant la dorure la plus belle et la plus pure de ton.

» Du reste, tous ces procédés réussissent bien et les trois derniers en particulier permettent de dorer tous les métaux en usage dans le commerce, et même des métaux qui, jusqu'ici, n'y ont pas été employés.

» Ainsi l'on peut dorer le platine, soit sur toute sa surface, soit sur certaines parties, de manière à obtenir des dessins d'or sur un fond de platine.

» L'argent se dore si aisément, si régulièrement et avec des couleurs si pures et si belles, qu'il est permis de croire qu'à l'avenir tout le vermeil s'obtiendra de la sorte. On varie à volonté l'épaisseur de la couche d'or, sa couleur même. On peut faire sur la même pièce des mélanges de mat et de poli. Enfin, on dore avec une égale facilité les pièces à grande dimension, les pièces plates ou à reliefs, les pièces creuses ou gravées et les filaments les plus déliés. Les échantillons mis sous les yeux de l'Académie nous dispensent de tout détail à cet égard.

---

(1) Le sel de potasse analogue ne réussit pas.

» Tout ce qu'on vient de dire de l'argent, il faut le répéter du cuivre, du laiton, du bronze. Rien de plus aisé, de plus régulier que la dorure des objets de diverse nature que le commerce fabrique avec ces trois métaux. Tantôt l'or, appliqué en pellicules excessivement minces, constitue un simple vernis propre à garantir ces objets de l'oxydation; tantôt, appliqué en couches plus épaisses, il est destiné à résister, en outre, au frottement et à l'usage. Par un artifice très-simple, on peut varier l'épaisseur de la couche d'or, la laisser mince partout où l'action de l'air est seule à craindre, l'épaissir, au contraire, là où il importe d'empêcher les dégradations dues au frottement. La bijouterie tirera grand parti de ces moyens, mais la science y trouvera aussi sa part d'avantages. Ainsi rien ne nous empêche, à l'avenir, de dorer à bon marché tous ces instruments de cuivre qui se dégradent si rapidement dans nos laboratoires, de nous procurer des tubes, des capsules, des creusets de cuivre doré qui remplaceront des vases d'or nécessaires quelquefois, et que nul chimiste ne possède aujourd'hui.

» En effet, parmi les pièces déposées sur le bureau de l'Académie, se trouve une capsule de laiton dorée qui a résisté très-efficacement à l'action de l'acide nitrique bouillant.

» Le packfong prend très-bien la dorure par ce procédé, et il devient facile de convertir en vermeil les couverts en packfong, déjà assez répandus et qui ne sont pas sans danger.

» L'acier, le fer se dorent bien et solidement par cette méthode, qui n'a aucun rapport, à cet égard, avec les procédés si imparfaits de dorure sur fer ou acier; seulement il faut commencer par mettre sur le fer ou l'acier une pellicule cuivreuse. Les couteaux de dessert, les instruments de laboratoire, les instruments de chirurgie, les armes, les montures de lunettes et une foule d'objets en acier ou en fer recevront ce vernis d'or avec économie et facilité. Nous avons constaté que divers objets de cette nature avaient été reçus avec une vive satisfaction par le commerce. L'emploi des couteaux dorés à l'usage habituel nous a fait voir d'ailleurs que cette application était de nature à résister à un long usage, quand la couche d'or était un peu épaisse.

» L'étain a été, sous ce rapport, l'objet d'expériences très-intéressantes de M. de Ruolz. Il s'est assuré qu'il ne se dore pas très-bien par lui-même ; mais vient-on à le couvrir d'une pellicule infiniment mince de cuivre, au moyen de la pile et d'une dissolution cuivreuse, dès-lors il se dore aussi aisément que l'argent. Le vermeil d'étain est même d'une telle beauté, qu'on peut assurer que le commerce saura trouver d'utiles débouchés à ce nouveau produit ; quoiqu'il soit de notre devoir d'ajouter qu'à raison du prix élevé de l'or il devient difficile de mettre sur des couverts d'étain une couche d'or suffisante pour les rendre durables, sans élever trop leur prix.

» La Commission a mis un grand intérêt à s'éclairer d'une manière précise, sur les circonstances de l'opération au moyen de laquelle on applique l'or sur les divers métaux. Diverses questions se présentaient : pouvait-on, en effet, augmenter à volonté l'épaisseur de la couche d'or de manière à produire les mêmes effets qu'au moyen du mercure, ou même de manière à aller plus loin? Le dépôt du métal se faisait-il régulièrement ou d'une manière variable? Quelle était la part de la température du liquide, de sa concentration, du nombre des éléments de la pile, de la nature des métaux employés? Votre Commission, sans prétendre à approfondir ces questions comme elles le seront par de plus longues recherches, a voulu, dès à présent, les aborder nettement, pour les traiter au point de vue pratique.

» 1°. La précipitation de l'or est régulière; elle est exactement proportionnelle au temps de l'immersion : circonstance précieuse qui permet de juger de l'épaisseur de la dorure par la durée de l'opération et de la varier à volonté. Pour le prouver, il suffit de rapporter ici quelques-unes de nos expériences.

» On a opéré sur un liquide renfermant 1 gramme de chlorure d'or sec dissous dans 100 grammes d'eau contenant 10 grammes de cyano-ferrure jaune de potassium.

» La pile était chargée avec du sulfate de cuivre et du sel marin à 10° du pèse-sel. On a employé 6 éléments de 2 décimètres de côté chaque.

» Nous avons opéré d'abord sur des plaques en argent poli de 5 centimètres de côté; la surface à dorer était donc de 50 centimètres carrés.

Température du liquide, 60° cent.

	Or déposé.
Première immersion de deux minutes....	0,063
Deuxième immersion.................	0,063
Troisième immersion.................	0,063
Moyenne........	0,063

2..

Température du liquide, 35° cent.

Or déposé.
gr.

Première immersion de deux minutes........	0,028
Deuxième immersion...................	0,028
Troisième immersion..................	0,030
Quatrième immersion.................	0,029
Cinquième immersion.................	0,027
Sixième immersion...................	0,029
Septième immersion..................	0,030
Huitième immersion..................	0,030
Neuvième immersion.................	0,029
Dixième immersion...................	0,028
Onzième immersion..................	0,029
Douzième immersion.................	0,027
Moyenne.........	0,0296

Température du liquide, 15° cent.

Or déposé.
gr.

Première immersion de deux minutes.....	0,009
Deuxième immersion..................	0,013
Troisième immersion.................	0,014
Quatrième immersion................	0,014
Cinquième immersion................	0,013
Moyenne......	0,0126

» Ainsi, comme on voit, rien de plus régulier que ces nombres; les différences tiennent probablement plutôt à l'incertitude des expériences et des pesées, qu'au procédé lui-même. Quant à l'influence de la température, elle est manifeste, et la rapidité du dépôt augmente beaucoup avec la température de la dissolution.

» La nature du métal à dorer exerce probablement peu d'influence, pourvu qu'il soit bon conducteur. L'expérience suivante semble du moins le prouver; elle sera d'ailleurs confirmée par d'autres renseignements.

» On a doré, en effet, une plaque de laiton de 5 centimètres de côté, avec les mêmes éléments, le même liquide, et en opérant exactement dans les mêmes circonstances de température que pour la plaque d'argent qui avait servi à notre dernière opération. On va voir que le poids de l'or déposé s'est montré exactement le même.

Plaque de laiton de 5 centimètres de côté. — Température du liquide, 15° cent.

	Or déposé.
	gr.
Première immersion...............	0,010
Deuxième immersion...............	0,013
Troisième immersion...............	0,012
Quatrième immersion...............	0,012
Cinquième immersion...............	0,013
Sixième immersion...............	0,012
Moyenne........	0,012

» Nous avons remarqué dans ces sortes d'essais, que la première immersion était souvent moins efficace que les immersions suivantes. Cette circonstance s'explique par la difficulté qu'on éprouve toujours à nettoyer le métal au point de le rendre capable de se mouiller immédiatement sur toute sa surface. Une fois vaincue, cette cause d'erreur ne se reproduit plus dans les épreuves suivantes. Tout en l'expliquant par une circonstance accidentelle, il nous resterait à ce sujet quelques doutes que nous soumettons aux physiciens. Ils auront à vérifier si cette particularité ne tiendrait pas à une certaine résistance de la part d'un métal à se déposer sur un autre métal, résistance qui disparaîtrait quand il ne s'agit plus que de se déposer sur lui-même.

» En un mot, dans beaucoup de nos épreuves, quand l'or, par exemple, se déposait sur des plaques dorées, le poids du dépôt était toujours le même pour un temps donné, tandis que dans la première immersion où l'or devait se déposer sur l'argent ou le bronze, le poids du dépôt était plus faible.

» *Argenture.* — Tout ce que nous venons de dire des applications de l'or, il faut le répéter de celles de l'argent. M. de Ruolz est également parvenu, au moyen du cyanure d'argent dissous dans le cyanure de potassium, à appliquer l'argent avec la plus grande facilité.

» L'argent peut s'appliquer sur l'or et sur le platine, comme affaire de goût et d'ornement.

» Il s'applique très-bien aussi sur laiton, bronze et cuivre, de manière à remplacer le plaqué.

» On argente aisément aussi l'étain, le fer, l'acier.

» L'application de l'argent sur le cuivre ou le laiton se fait avec une telle facilité, qu'elle est destinée à remplacer toutes les méthodes d'argenture

au pouce, d'argenture par voie humide, et même en bien des cas la fabrication du plaqué. En effet, l'argent peut s'appliquer en minces pellicules,
comme cela se pratique pour garantir d'oxydation une foule d'objets
de quincaillerie, et en couches aussi épaisses qu'on voudra, de manière à
résister à l'usure. C'est une des applications qui ont le plus attiré l'attention de votre Commission.

» Pour l'usage des chimistes, nous avons constaté qu'une capsule de laiton argentée peut remplacer une capsule d'argent jusqu'à résister à la fusion de la potasse hydratée; épreuve qu'il ne faudrait pas trop renouveler
pourtant, puisque l'argent se dissout dans la potasse.

» D'où résulte évidemment qu'il sera de quelque intérêt de voir jusqu'où
pourra s'étendre l'application de ces nouveaux procédés à la conservation
des balances, à celle des machines de physique, à la préservation des ustensiles employés dans nos ménages, chez les confiseurs ou les pharmaciens
pour toutes les préparations d'aliments ou de médicaments acides.

» L'argent s'applique très-bien sur l'étain. Il fournit ainsi le moyen de faire
disparaître, à bon marché, l'odeur désagréable des couverts d'étain, en leur
donnant d'ailleurs l'aspect et toutes les propriétés extérieures des couverts
d'argent. Ce serait là, sans nul doute, une des circonstances les plus importantes des procédés qui nous occupent, si à la place de l'étain, comme
corps de la pièce, on ne pouvait substituer un autre métal plus économique et plus solide.

» Il s'agit du fer ou même de la fonte. Ces métaux, façonnés en couverts
et revêtus d'une couche d'argent, permettront de populariser en France,
par leur bon marché, des objets déjà usuels en Angleterre. On fabrique,
en effet, par d'autres procédés bien plus chers et bien moins parfaits, beaucoup de couverts en fer argenté à Birmingham, et leur usage est habituel
dans la plupart des familles en Angleterre. L'expérience en est donc faite
et la Commission a vu avec le plus vif intérêt les procédés de M. de Ruolz
fournir une argenture égale et parfaite, sur fer, acier ou fonte, comme le
prouvent les objets mis sous les yeux de l'Académie.

» Tout en reconnaissant que l'étain peut s'argenter sans difficulté, il
semblerait plus convenable aux vrais intérêts du consommateur de faire
des couverts en fer ou fonte argentée, et de réserver l'étain argenté pour
des pièces destinées à des maniements moins fréquents, et surtout pour des
pièces obtenues par des moulages délicats.

» L'argent se comporte comme l'or quand on le réduit de ses dissolutions
dans les cyanures, si l'on en juge du moins par les expériences suivantes, où

l'on s'est servi de la même pile que pour l'or, chargée de la même manière, et placée dans les mêmes circonstances de température, mais où l'on a fait usage seulement de 4 éléments au lieu de 6.

» Le liquide employé pour argenter renfermait 1 gramme de cyanure d'argent sec dissous dans 100 grammes d'eau, contenant 10 grammes de cyano-ferrure jaune de potassium.

Température du liquide, 45° cent. — Plaque de cuivre rouge de 5 centimètres de côté.

Argent déposé.

gr.

Première immersion..........	0,007
Deuxième immersion..........	0,013
Troisième immersion..........	0,012
Quatrième immersion..........	0,013
Cinquième immersion..........	0,013
Sixième immersion..........	0,013
Septième immersion..........	0,012
Huitième immersion..........	0,011
Neuvième immersion..........	0,010
Dixième immersion..........	0,010
Moyenne	0,0114

Température du liquide, 30° cent. — Plaque de cuivre rouge de 5 centimètres de côté.

Argent déposé.

gr.

Première immersion..........	0,0055
Deuxième immersion..........	0,0065
Troisième immersion..........	0,006
Quatrième immersion..........	0,007
Moyenne........	0,0083

Température de la dissolution, 30° cent. — Plaque de laiton de 5 centimètres de côté.

Argent déposé.

gr.

Première immersion..........	0,008
Deuxième immersion..........	0,007
Troisième immersion..........	0,007
Quatrième immersion..........	0,007
Cinquième immersion..........	0,009
Sixième immersion..........	0,008
Septième immersion..........	0,008
Huitième immersion..........	0,008
Moyenne.....	0,0077

» Ainsi, de même que pour l'or, l'argent s'applique avec régularité, en poids proportionnels à la durée des immersions et sans que la nature du métal qu'on argente exerce une influence appréciable. Celle-ci ne saurait guère se manifester, en effet, qu'au moment de la première immersion, et elle devrait disparaître dans les immersions suivantes.

» Comme on pouvait d'ailleurs s'y attendre, la précipitation de l'argent est un peu plus lente que celle de l'or.

» *Platinure.* — Au premier abord, d'après l'analogie qui existe entre le platine et l'or à beaucoup d'égards, on aurait pu croire que le platine s'appliquerait aussi facilement que l'or sur les divers métaux déjà cités. Cependant ce résultat a offert de graves difficultés pendant longtemps, par la lenteur avec laquelle il obéissait à l'action de la pile. Il fallait avec les dissolutions dans les cyanures, par exemple, donner à l'expérience une durée cent ou deux cents fois plus longue pour le platine que pour l'argent ou l'or, à égales épaisseurs.

» Mais en faisant usage de chlorure double de platine et de potassium dissous dans la potasse caustique, on obtient une liqueur qui permet de platiner avec la même facilité et la même promptitude que lorsqu'il s'agit de dorer ou d'argenter.

» Nous n'insisterons pas sur les applications très-variées que le platine pourra recevoir dans cette nouvelle direction.

» Les chimistes y trouveront un moyen de se procurer de grandes capsules de laiton platinées qui réuniront au bon marché toute la résistance nécessaire aux dissolutions salines ou acides;

» Les armuriers mettront à profit sous diverses formes ce moyen de préservation des métaux oxydables ou sulfurables qui entrent dans la fabrication des armes;

» La bijouterie pourra faire entrer le platine dans ses décorations;

» L'horlogerie y trouvera un excellent agent pour couvrir d'un vernis très-durable les pièces dont elle redoute l'altération.

» Comme le platine ainsi appliqué peut s'obtenir de la dissolution brute de la mine de platine, et que les métaux qui accompagnent le platine ne nuisent en rien à l'effet, on voit que le platine en cette occasion coûte à peine autant que l'argent lui même, car l'expérience prouve qu'à épaisseur moitié moindre, il préserve aussi bien. Il en résulte évidemment que les usages du platine, trop peu nombreux jusqu'ici pour la production possible de ce métal, vont s'étendre sans limites et lui ouvrir des débouchés certains.

» Les fabricants de produits chimiques auront, sans doute, de fréquentes occasions d'utiliser le platine sous ces nouvelles formes, et il serait bien à souhaiter, par exemple, qu'on pût remplacer les cornues en platine par des cornues en fer platiné dans la concentration de l'acide sulfurique. Beaucoup de fabriques où s'est conservé l'usage des cornues de verre l'abandonneraient sans doute, et exposeraient par là bien moins la vie ou la santé de leurs ouvriers, si les appareils de platine prenaient une forme moins dispendieuse.

» Les pharmaciens trouveront dans ces nouvelles manières d'employer le platine, l'occasion et le moyen de mettre à bon marché leurs instruments à l'abri d'une foule d'altérations fâcheuses ou nuisibles.

» Pour donner une juste idée des difficultés qui pourraient résulter dans ces sortes d'applications de la nature des dissolutions mises en usage, nous rapporterons ici les résultats de quelques expériences.

» On s'est servi de six éléments de la même pile employée pour la dorure; ils étaient chargés de la même manière et l'on opérait dans les mêmes circonstances de température.

» La liqueur renfermait 1 gramme de cyanure de platine dissous dans 100 grammes d'eau, à la faveur de 10 grammes de cyano-ferrure jaune de potassium.

» Enfin, on opérait à 80° ou 85°, température à laquelle l'or déposé s'élevait à $0^{gr},030$ par minute au moins. Avec le platine, le dépôt obtenu en une minute aurait été si faible, qu'on n'aurait pu l'apprécier. Il a fallu prolonger les épreuves, au moins pendant quatre minutes.

Plaque de laiton de 5 centimètres de côté. — Liqueur à 85° cent.

	Platine déposé.
	gr.
Première immersion de quatre minutes. . . .	0,001
Deuxième immersion.	0,001
Troisième immersion.	0,001

» Ainsi, en douze minutes, une plaque qui aurait reçu $0^{gr},378$ d'or n'a pris, dans les mêmes circonstances, que $0^{gr},003$ de platine.

» Ces détails feront apprécier tout l'intérêt de l'observation de M. de Ruolz, qui a reconnu, comme nous l'avons dit plus haut, que si l'on fait usage d'une dissolution de chlorure de platine dans la potasse, le dépôt du platine marche avec la même rapidité que celui de l'or, ou de l'argent du moins.

3

» En effet, si la précipitation du platine n'avait pas pu être accélérée, la dépense nécessaire pour appliquer ce métal aurait augmenté au point d'en borner beaucoup les usages. Il est à désirer, au contraire, que ceux-ci deviennent nombreux et profitables, d'une part dans l'intérêt des mines de platine qui manquent jusqu'ici de débouchés, de l'autre dans l'intérêt des consommateurs, qui trouveront dans les métaux revêtus de platine, des objets remarquables à la fois par leur inaltérabilité, leur belle apparence, et la sûreté de leur emploi à toutes les choses de la vie.

» L'extensibilité extraordinaire de l'or est bien connue; elle a déjà fixé l'attention de Réaumur et de beaucoup de physiciens depuis que cet illustre naturaliste a fait connaître ses observations. Mais on pouvait admettre que le platine ne jouissait pas de la même faculté, ou que du moins son extensibilité était bien moindre.

» Il n'est donc pas sans quelque intérêt de faire remarquer qu'avec 1 seul milligramme de platine, on couvre uniformément une surface de 50 centimètres carrés; ce qui correspond à une épaisseur de $\frac{1}{100000}$ de millimètre, analogue, comme on voit, aux pellicules les plus ténues dont nous puissions nous faire une idée juste par l'observation directe.

» *Cuivrage.* — M. de Ruolz ne s'est pas borné à l'application des métaux précieux. Étendant ses procédés à tous les métaux utilisables, il a essayé de cuivrer, de zinquer, de plomber divers métaux usuels.

» Le cuivrage, appliqué sur tôle ou fonte, donne le moyen de faire à meilleur marché le doublage des navires, si l'expérience vient confirmer les idées qu'on peut se faire sur la résistance de ce produit.

» Il est évident, en tous cas, que la tôle, le fer, la fonte naturelle ou doucie, peuvent recevoir par le cuivrage toutes les propriétés du cuivre en ce qui concerne la couleur, le poli, la résistance à l'air, et que par la nature même de la matière intérieure le bas prix du produit se trouve garanti.

» On cuivre, comme on argente, au moyen du cyanure de cuivre dissous dans les cyanures alcalins; mais la précipitation du cuivre est plus difficile que celle des métaux précieux. Du reste, ce que nous venons de dire du platine montre combien l'influence de la dissolution peut être grande à cet égard.

» Avec huit éléments de la pile déjà décrite, chargée comme dans les cas précédents et marchant dans les mêmes conditions de température, nous avons obtenu des dépôts de cuivre bien plus faibles que s'il eût été question d'or et d'argent.

» Cependant, nous opérions sur une dissolution qui renfermait 1 gr. de cyanure de cuivre sec pour 100 gr. de dissolution.

Température du liquide, 3o° cent. — Plaque d'argent de 5 centimètres de côté.

	Cuivre déposé.
	gr.
Première immersion de trois minutes......	0,0015
Deuxième immersion...................	0,0025
Troisième immersion..................	0,0030
Quatrième immersion..................	0,0030
Cinquième immersion..................	0,0020
Sixième immersion....................	0,0020
Moyenne........	0,0023

» Ainsi le cuivre, en se précipitant de son cyanure, se dépose comme le platine, à raison de 0,001 par minute, pour 5o centimètres carrés. Cette lenteur serait, en pratique, un obstacle dont M. de Ruolz devra se préoccuper.

» En effet, le cuivre ainsi précipité sur le fer peut directement servir à le préserver, à donner une belle apparence aux objets de serrurerie, aux balcons, balustrades, grilles, ustensiles de cheminées, etc.

» Il peut, en outre, nous nous en sommes assurés, permettre de renfermer le fer dans une enveloppe ou fourreau de laiton. Il suffit de faire déposer sur le fer ou la fonte du cuivre et du zinc, puis de chauffer la pièce au rouge dans du charbon en poudre. Le laiton se produit et constitue un vernis métallique moins altérable que le cuivre et d'une couleur qu'on peut varier à volonté.

» Du reste, toutes les fois qu'on voudra faire la dépense de combustible qu'exige cette dernière opération, on pourra produire sur les métaux des dépôts d'alliages aussi aisément que des dépôts de métaux purs. C'est un point de vue dont M. de Ruolz ne s'est pas occupé, mais que nous recommandons à son zèle et à sa pénétration.

» *Plombage.* — En agissant sur la dissolution d'oxyde de plomb dans la potasse, au moyen de la pile, on plombe la tôle, le fer, et en général tous les métaux.

» La fabrication des produits chimiques tirera parti de cette découverte en obtenant ainsi des chaudières en tôle plombées à l'intérieur, et où la solidité de la tôle se trouvera unie à la résistance du plomb aux actions chimiques des dissolutions salines et des acides faibles.

» Du reste, il est bien peu de circonstances où le plomb mérite par lui-même la préférence sur d'autres métaux , si ce n'est par son bas prix et son maniement facile. Les nouveaux procédés qui nous occupent auront donc plutôt pour objet d'éviter l'emploi du plomb que de le provoquer.

» *Étamage.* — Nous n'en dirions pas autant de l'étain. Les procédés nouveaux peuvent en étendre les applications, en donnant un moyen facile et prompt d'étamer le cuivre, le bronze, le laiton, le fer, la fonte elle-même, en opérant à froid et sur toute sorte d'ustensiles.

» Il y a longtemps, du reste, que sans le savoir les ouvriers qui étament les épingles se servent d'un véritable procédé galvanique; car ils mettent ensemble les épingles, la grenaille d'étain et de l'eau chargée de crème de tartre. Les deux métaux constituent une véritable pile où le pôle négatif formé par les épingles attire l'étain à mesure qu'il se dissout et s'étame en l'obligeant à se précipiter.

» L'étamage du fer, celui du zinc seraient impossibles par un tel procédé; il faut nécessairement recourir à l'emploi auxiliaire d'une véritable pile indépendante des métaux employés.

» Au contraire, pour le cuivre et les métaux qui sont négatifs à l'égard de l'étain, on peut faire un couple avec l'étain lui-même et le métal à étamer, et se servir soit de crème de tartre pour dissoudre l'étain, comme on le pratique dans l'étamage des épingles, soit d'une dissolution d'oxyde d'étain dans la potasse, comme l'a proposé M. Böttiger.

» *Cobaltisage, nickelisage.* — L'Académie pourra remarquer avec quelque intérêt des pièces métalliques recouvertes de nickel ou de cobalt , parmi les échantillons déposés sur son bureau.

» Le cobalt, dont la teinte se rapproche assez de celle du platine, a été employé à recouvrir des instruments de musique de cuivre, et il fournit en pareil cas un vernis métallique agréable à l'œil, durable et d'un prix peu élevé. Cependant tout porte à croire que le platine, l'or ou l'argent obtiendront la préférence. Mais le cobalt pourra trouver sa place dans de telles applications comme moyen de varier les teintes.

» L'expérience a prouvé, du reste, qu'en changeant ainsi la surface des instruments sonores et qu'en recouvrant le métal qui les forme d'une couche d'un autre métal , on ne modifie en rien leurs propriétés sous le rapport musical. L'oreille la plus exercée ne reconnaît pas de changements à cet égard.

» Le nickel a surtout été essayé sur des objets de serrurerie ou de sellerie.

Comme il n'est pas cher, qu'il en faut peu et qu'il résiste assez bien à l'air, il est bon de noter ici que ce métal s'applique très-bien sur le fer, ce qui peut devenir d'une importante application pour les serrures soignées et surtout pour la grosse horlogerie, les compteurs et même pour beaucoup de pièces de machines qu'on veut préserver de l'action de l'air, sans être obligé de les graisser souvent.

» *Zincage.*—Parmi les procédés de M. de Ruolz, ceux qu'il applique au zincage des métaux et du fer en particulier ont très-vivement intéressé votre Commission.

» Le fer zinqué acquiert la faculté de résister aux actions oxydantes de l'air et surtout de l'air humide ou de l'eau. C'est qu'en effet, le zinc, qui est plus oxydable que le fer, préserve ce métal d'oxydation, et ne s'oxyde presque pas lui-même; car lorsqu'il est couvert d'une couche de sous-oxyde, toute altération ultérieure s'arrête.

» Dans la plupart des applications essayées par M. de Ruolz le métal déposé se trouve au contraire négatif par rapport au métal recouvert. Toute la garantie que le vernis métallique promet en pareil cas repose sur sa parfaite intégrité, car s'il s'entame sur un point quelconque, et que l'air humide puisse arriver jusqu'au métal intérieur, la couche superficielle, bien loin de servir de préservateur, deviendra au contraire une cause déterminante d'oxydation.

» Le zinc appliqué sur le fer le préserve donc doublement: tant qu'il est intact, comme vernis; quand il est entamé, par une action galvanique. Cette particularité rend compte du succès qu'a obtenu le fer zinqué dans toutes les applications où le fer, la tôle, s'employaient à froid, n'avaient pas besoin de toute leur ténacité et pouvaient supporter un supplément de dépense.

» En général, le fer zinqué ne doit pas être appliqué à contenir de l'eau chaude: l'action galvanique des deux métaux détermine très-rapidement l'oxydation du zinc, et le fer se ronge à son tour avec une singulière activité. Cette remarque devra même diriger les industriels dans l'emploi qu'ils feront des nouveaux procédés, et pourra leur éviter des mécomptes dans des circonstances rares sans doute, mais par cela même moins susceptibles d'être éclairées par l'expérience seule.

» Le zincage de fer fait en plongeant le fer dans un bain de zinc fondu a quelques inconvénients d'ailleurs. Le fer s'y alliant au zinc, constitue ainsi un alliage superficiel très-cassant; le fer perd donc de sa ténacité; circonstance qui ne s'aperçoit pourtant qu'alors qu'on essaye de zinquer du fil de fer fin ou des tôles très-minces. D'ailleurs la surface ainsi revêtue d'une couche d'un métal peu fusible se déforme toujours.

» Ainsi, par ce procédé, on ne peut pas zinquer du fil de fer fin ; il deviendrait fragile et difforme. On ne peut pas zinquer des boulets ; ils se déformeraient et ne seraient plus de calibre. Le zincage du fer n'est pas non plus applicable aux objets d'art ; toutes les formes seraient détruites.

» L'industrie, l'art militaire, les beaux-arts accueilleront donc avec un vif intérêt les procédés de M. de Ruolz, qui est parvenu à zinquer économiquement le fer, l'acier, la fonte, au moyen de la pile, avec la dissolution de zinc ; en opérant à froid et en respectant conséquemment la ténacité du métal ; en l'appliquant en couches minces, et en conservant ainsi les formes générales des pièces et même l'aspect de leurs moindres détails.

» Rien n'empêche donc de zinquer le fil de fer employé à une foule d'usages, et qui, loin de se rouiller, se conservera maintenant pendant de bien longues années sans doute. Ainsi, les cordes des ponts suspendus, les conducteurs des paratonnerres pourront être faits en fil de fer zinqué. Nous en dirons autant des toiles métalliques employées pour fabriquer les tamis, les blutoirs, de celles qu'on applique à la construction des lampes de sûreté. Dans ce dernier cas même, l'ouvrier chargé dans les mines du soin de nettoyer les lampes pourra, sans dépense sensible, être muni de tout ce qui est nécessaire pour restaurer le zincage, de temps en temps, sans démonter la lampe.

» Toutes les pièces de machines que leurs dimensions trop fortes ou trop menues rendaient impropres au zincage à chaud, seront, au contraire, susceptibles d'être facilement zinquées par voie humide.

» La tôle la plus mince peut recevoir cet apprêt sans devenir cassante, ce qui permet de produire des ardoises artificielles en tôle zinquée parfaitement applicables, et applicables avec une grande économie à la toiture des bâtiments.

» La Commission a voulu s'assurer qu'on pouvait zinquer la fonte et en particulier les boulets. Elle était certaine que cette application exciterait tout l'intérêt du ministère de la Guerre et de celui de la Marine surtout ; car les boulets s'altèrent si rapidement en mer, que leurs dimensions en sont bientôt modifiées d'une manière nuisible à la fois à la justesse du tir et à la durée des pièces. Elle dépose un boulet zinqué sur le bureau.

» Enfin, le zincage du fer et celui de la fonte sont d'une grande importance pour l'architecture et les arts d'imitation. Tout le monde sait avec quelle promptitude les clous, les barres de fer employés dans les constructions s'oxydent et perdent conséquemment leur ténacité, et tout le monde comprend à quel point il est utile de préserver, à bon marché, toutes ces pièces de fer disséminées dans l'épaisseur des murs d'un bâtiment, car elles sont destinées à lui donner une solidité qui deviendra par là durable et susceptible d'être calculée avec précision. De même, les grilles, les balustrades en fonte recevant un zincage au lieu d'une peinture, qui exige de fréquents renouvellements, se trouveront ainsi bien mieux garanties de l'action de l'eau et de l'air.

» Il est surtout à désirer que ces nouveaux moyens soient mis à profit pour préserver les statues en fonte dont on a récemment fait l'essai dans plusieurs de nos monuments, et qui dans quelques cas ont subi l'application d'enduits ou peintures mal calculés sous le rapport de la science et d'un effet bien triste sous le rapport de l'art.

» Les procédés de M. de Ruolz pour le zincage peuvent s'appliquer nonseulement sur des objets petits et libres, mais il serait possible encore d'en faire usage pour des monuments en place et de grande dimension, en prenant quelques précautions faciles à prévoir.

» Votre Commission est loin d'avoir cherché à énumérer ici toutes les applications que ce nouveau moyen de zincage du fer est susceptible de présenter ; elle s'est bornée aux plus essentielles, mais elles suffisent bien pour faire apprécier à l'Académie toute la portée des travaux de M. de Ruolz sur ce point.

» Avant de quitter ce sujet important, nous rappellerons que M. Sorel d'un côté et M. Perrot de l'autre étaient déjà parvenus à recouvrir le fer d'une couche de zinc par le moyen de la pile, mais en faisant usage toutefois de dissolutions différentes de celles que M. de Ruolz a cru préférables et qui lui ont permis d'agir avec économie, ce qui est ici le point vraiment important.

» MM. Sorel et Perrot avaient même annoncé, à cette occasion, qu'ils s'occupaient du problème général de la fixation des métaux les uns sur les autres ; espérons qu'en faisant connaître leurs procédés, ils ajouteront à la perfection d'un art qui paraît déjà si avancé.

» L'Académie verra avec le plus vif intérêt une industrie destinée à se répandre sous toutes les formes dans le monde, mettre à profit un instru-

www.ingramcontent.com/pod-product-compliance
Ingram Content Group UK Ltd.
Pitfield, Milton Keynes, MK11 3LW, UK
UKHW022352070726
13614UKWH00003B/1172